我国海洋传统优势产业转型升级研究

毕重人　赵云◎编著

经济管理出版社
ECONOMY & MANAGEMENT PUBLISHING HOUSE

图书在版编目（CIP）数据

我国海洋传统优势产业转型升级研究/毕重人，赵云编著．—北京：经济管理出版社，2021.5

ISBN 978 - 7 - 5096 - 8020 - 9

Ⅰ.①我…　Ⅱ.①毕…②赵…　Ⅲ.①海洋开发—产业发展—研究—中国　Ⅳ.①P74

中国版本图书馆 CIP 数据核字（2021）第 103499 号

组稿编辑：张莉琼
责任编辑：张莉琼
责任印制：张莉琼
责任校对：王淑卿

出版发行：经济管理出版社
（北京市海淀区北蜂窝 8 号中雅大厦 A 座 11 层　100038）
网　　址：www. E - mp. com. cn
电　　话：（010）51915602
印　　刷：唐山昊达印刷有限公司
经　　销：新华书店
开　　本：720mm×1000mm/16
印　　张：12. 25
字　　数：162 千字
版　　次：2021 年 7 月第 1 版　　2021 年 7 月第 1 次印刷
书　　号：ISBN 978 - 7 - 5096 - 8020 - 9
定　　价：68. 00 元

目　录

1 海洋产业转型升级的理论发展与政策实践

海洋经济是国民经济的重要组成部分，而海洋传统优势产业是海洋产业持续发展的重要支撑[1]。在当前整个国家产业转型升级的背景下，海洋产业的市场环境与国际条件都在发生快速的变化，海洋传统优势产业由于发展历史长、参与主体多，如果不能有效转型升级就不能适应产业环境的变化，对海洋产业长期稳定发展产生消极的影响[2]。但是由于海洋传统优势产业深刻嵌入整个原有经济体系，产业技术、产业人才、资本等关键要素的体量庞大、模式更新相对滞后，转型升级的难度较大、风险较高，研究海洋传统优势产业转型升级规律对海洋产业发展具有重要意义。

1.1 海洋产业是新旧动能转化的关键

海洋经济是国家经济发展的重要驱动力。党的十九大报告指出，坚持陆海统筹，加快建设海洋强国，随着"一带一路"倡议的实施，海洋经济高速发展，海洋经济实力不断增强，海洋经济逐渐成为我国经济增长的蓝色引擎。

海洋传统优势产业是我国海洋经济稳定发展的中坚力量。中华人民共和国成立以来，我国海洋经济经过几个大的发展阶段，特别是沿海地区 11 个省份，在党和政府的领导之下，有了显著发展[3]。与国民经济发展的路径和政策等相类似，海洋经济也进入一个新的阶段，国民经济各个产业发展出现的各种问题，在海洋经济也有相应的表现。因此，我国海洋经济的发展也同样面临着转型升级和产业结构调整的压力和挑战。

当前市场环境与技术环境都在发生快速而显著的变化，海洋传统优势产业亟待转型升级，维持长期稳定发展[4]。改革开放以来，我国相关部门及沿海省份地方政府不断地调整和优化海洋相关产业的转型升级，通过不断吸收国外海洋经济发展的经验，来提升我国海洋经济的竞争力。海洋经济发展与陆域经济发展不太相同，海洋经济具有强烈的开放性和竞争性，包括国际竞争市场环境、技术条件等，比如渔业，我国的渔业捕捞多数在国际渔场，与国外同行竞争和学习是不可避免的，加上海洋经济技术溢出效应比较突出，极易吸收其他国家的海洋技术和经验。因此，海洋经济的转型升级是一个不断强化的过程。

在我国经济处于增长速度换挡期、结构调整阵痛期、前期刺激政策消化期的发展背景下，探究海洋产业结构优化的路径，具有很强的现实意义。

现代经济包括海洋经济主要的增长方式是结构主导性增长，通过产业结构优化转型升级为核心的经济增长方式[5]。在这种增长方式中，经济稀缺资源的配置效果，在很大程度上受到产业结构变动的影响和制约，二者的相互促进关系决定着经济能否持续快速增长。伴随经济的不断增长，产业结构因此会产生相应螺旋式的上升和变化。这些变化具有一定的规律性，在国内外海洋经济发展中都有体现。因此，通过研究我国海洋经济传统优势海洋产业的转型升级，并通过比较研究国外传统海洋产业的转型升级，进一步研究世界性海洋产业结构优化及海洋经济主要发展趋势，以更好地指导我国海洋经济发展，对国民经济的更好更快发展具有理论指导意义。

《2019 年海洋经济统计公报》认为，海洋产业是开发、利用和保护海洋所进行的生产和服务活动，包括海洋渔业、海洋油气业、海洋矿业、海洋盐业、海洋化工业、海洋生物医药业、海洋电力业、海水利用业、海洋船舶工业、海洋工程建筑业、海洋交通运输业、滨海旅游业等主要海洋产业及其海洋相关产业，以及海洋科研教育管理服务业。海洋经济主要增长领域在海洋石油和天然气、海洋水产、海底电缆、海洋安全业、海洋生物技术、水下交通工具、海洋信息技术、海洋娱乐休闲业、海洋服务和海洋新能源等。在我国，海洋经济较世界海洋经济发展滞后大约 10 年，但改革开放以来，我国海洋资源开发利用发展很快，海洋经济保持了高于同期国民经济的增长水平。2018 年我国海洋生产总值 83415 亿元，比 2017 年增长 6.7%，海洋生产总值占国内生产总值的比重为 9.3%。滨海旅游业、海洋交通运输业和海洋渔业作为海洋经济发展的支柱产业，其增加值占主要海洋产业增加值的比重分别为 47.8%、19.4% 和 14.3%。海洋生物医药业、海洋电力业等新兴产业增速领先，分别为 9.6%、12.8%。

比较来看，海洋产业中具有发展潜力的产业是海洋电力业、海洋船舶业、海洋生物医药业、海水利用业与海洋矿业。从海洋各产业角度看，比较劳动生产率和结构偏离度最高的行业依次为海洋石油和天然气、海洋生物医药、海洋交通运输、海洋电力和海水利用、滨海旅游、海洋化工。其中，海洋石油和天然气与海洋化工行业比较劳动生产率不断提高，说明该行业比较优势越发突出，随着海洋石油和天然气业的进一步发展，该行业具备吸纳更多就业人员的空间。对比可知，我国现有的海洋产业结构不甚合理，从发展海洋经济与吸纳就业的角度来看，还有很大的发展和调整空间。从沿海各省份海洋经济的主导产业来看，我国依然有部分省份的海洋经济主导产业为传统的海洋渔业。在全球性的过度捕捞与船队能力过剩的条件下，在我国渔业资源萎缩的严峻情形下，如何对海洋渔业从业人员进行转产安置，是今后海洋经济产业结构调整将要面临的大问题。同时，海洋运输业还存在结构性变化，行业整合程度不断加深，大量企业面临转型需求。

海洋传统优势产业是海洋产业的重要组成部分，其发展与变化规律服从海洋经济与产业发展的主要规律，对其进行转型升级研究需要从产业转型升级的一般性理论出发梳理相关理论的发展过程，确定面临的关键问题。

1.2 产业转型升级相关研究

1.2.1 产业转型升级的内涵

产业转型升级是一个内涵较为丰富的概念。国民经济中的各个产业不管是发展历史较长的传统产业，或是发展历史较短的新兴高科技产业，在经历一段时间发展后都需要面临不断升级与创新问题，传统产业依赖的是发展历程较长的、旧有的生产与生活方式中形成的技术基础、合作基础，技术基础的变化并不直接改变市场需求，通过对技术与合作模式进行升级，以新的方式满足原有市场需求，并激活新的需求，这个过程就形成了产业升级[6]。从宏观经济角度来说，产业转型升级可以指广义上一个国家中"三次产业"在生产总值中比重的有益性变化[7]，在中观视角下，产业转型升级指同一产业中不同细分行业之间要素与产出的转变[8]，在微观研究中，也有研究者认为产业转型升级指同一细分行业中不同环节之间的转换[9]。在不同的维度下，产业结构转型升级具有不同的内涵。

从实践角度来说，2011 年国务院印发的《工业转型升级规划（2011 - 2015 年）》，强调了在我国面临的发展环境将发生深刻变化，长期积累的深层次矛盾日益突出，粗放增长模式难以为继，已进入必须以转型升级促进工业又好又快发展的新阶段。文件中，将转型定义为"转型就是要通过转变工业发展方式，加快实现由传统工业化向新型工业化道路转变"，将升级定义为"升级就是要通过全面优化技术结构、组织结构、布局结构和行业结构，促进工业结构整体优化提升"。

在我国经济发展的过程中，产业转型升级是我国加快转变经济发展方式的关键所在，是走中国特色新型工业化道路的根本要求，也是实现工业大国向工业强国转变的必经之路。2011 年以来，我国在国家与省两级部门相继出台了大量促进产业转型升级的政策文件，其中行政法规 11 项，部门规章 76 项（见表 1 - 1），地方规范性文件 403 项，地方工作文件 1104 项。

表 1 - 1　转型升级相关政策

效力级别	数量	发布部门	主要政策
行政法规	5	国务院	《国务院关于加快外贸转型升级推进贸易高质量发展工作情况的报告》《国务院关于加快推进农业机械化和农机装备产业转型升级的指导意见》《国务院关于推进供给侧结构性改革加快制造业转型升级工作情况的报告》《国务院关于印发船舶工业加快结构调整促进转型升级实施方案（2013 - 2015 年）的通知》《国务院关于印发工业转型升级规划（2011 - 2015 年）的通知》
	6	国务院办公厅	《国务院办公厅关于加快众创空间发展服务实体经济转型升级的指导意见》《国务院办公厅关于推进线上线下互动加快商贸流通创新发展转型升级的意见》《国务院办公厅关于促进国家级经济技术开发区转型升级创新发展的若干意见》《国务院办公厅关于金融支持经济结构调整和转型升级的指导意见》等

续表

效力级别	数量	发布部门	主要政策
部门规章	27	跨部门	《国家发展改革委、科技部、工业和信息化部等关于进一步推进产业转型升级示范区建设的通知》《国家发展改革委、财政部、人力资源社会保障部等关于进一步推进煤炭企业兼并重组转型升级的意见》《商务部、发展改革委、工业和信息化部等关于促进加工贸易转型升级的指导意见》《国家发展改革委、科技部、工业和信息化部等关于支持老工业城市和资源型城市产业转型升级的实施意见》等
	49	单部门	《农业部关于大力实施乡村振兴战略加快推进农业转型升级的意见》《工业和信息化部关于加快我国家用电器行业转型升级的指导意见》《文化部关于推动文化娱乐行业转型升级的意见》等

如表 1-1 所示，我国在推动产业转型升级的过程中，既有从整个产业转型升级角度制定的框架性政策，也有针对单个行业进行的转型升级政策支持，转型升级政策文件中跨部门政策占据了较大比重，说明产业转型升级问题涉及多个方面的要素，需要多方协同才能使得政策有效执行。通过图 1-1 可以发现，产业转型升级的核心主体是企业，而相应的关键要素是科技创新、资本等，说明产业转型升级涉及的因素虽然很多，但是核心分析主体还应该从企业的运营与生产活动出发，才能获得产业转型升级的本质规律，进而促进相应产业转型升级顺利实施。从实践意义角度讲，产业转型升级就是指产业从低附加值产业向高附加值产业转变，由高环境污染型、高耗能型产业向低环境污染、节能型产业转变，由粗放型向集约型转变。

从理论角度来讲，产业转型升级问题源于产业间分工[10]，而产业间分工问题是古典与新古典经济学理论分析的主要问题之一。对于产业分工的解释，从最早的亚当·斯密的绝对优势理论，发展到大卫·李嘉图的国家间比较优势理论，围绕国际贸易与产业分布，从生产成本与劳动生产率等方面解释了国际间产业分工产生与发展的原因[11]。在国际贸易中，后发经济体由于分工的差异进入了收益较小的部门，为了获得更高的收益，其具有进入更高级部门也就是产业升级的动力，早在配第定理中就将劳动力发生产业间转移的动力归因于产业间的收入差异，劳动生产率的研究主导了这一时期的产业升级与转移问题[12]。

图 1－1　国家主要政策文件词云分析

三次产业分类逐渐成熟后，随着经济发展，三次产业间劳动力迁移的规律主要表现为第一产业劳动力逐渐下降，第二、第三产业劳动力相应上升，劳动力在产业部门间的变化代表了产业升级的过程[13]。而新古典贸易分工理论将研究的关注对象不仅局限于劳动力，也关注到了在实际生产过程中同样重要的资本、技术与土地等生产要素，Heckscher 与 Ohlin 提出要素禀赋理论，解释生产率差异的原因[14]。随着世界经济与技术的进步，市场上商品的种类快速增长与变化，各国产业间分工开始逐渐演变为基于当地要素的密度与可获得性，生产具有比较成本优势的产品，产业转型升级的动因被归因于要素密度的差异[15]，产业间分工的类别也可以相应分为劳动力密集型产业、资本密集型产业、技术密集型产业等，Bond 将后发国家产业转型升级归因于其国内的资本积累使得资本要素的价格下降，以至于相比劳动力要素具有了比较优势，于是产业开始转向为资源相对密度大的产业[16]。后发现代型国家产业转型升级是处于不同工业发展阶段的国家在同一个国际产业分工网络中的必然结果。

产业转型升级可以分为产业升级与产业转型两个部分进行界定。产业升级是源于国际贸易理论的产业国际分工[17]，在后来的研究中逐渐将产业升级解释拓展到商业理论与经济学分析，在研究产业集群、全球价值链、核心竞争力等问题时一般会涉及产业分工。产业升级原意是指在国际间的产业部门内专业分工中，一个国家的产品逐步从低附加值产品向高附加值产品变化[18]。升级的情景较多，既包括通过创新提升增加值[17]，也包括通过技术提升打破市场垄断等不同情形[19]。在宏观分析中，产业升级一般是指国家或地区形成比较优势的过程[20]，在中观分析中，人们通常认为产业升级是企业竞争力增强导致的，企业是产业升级的主导[21]，也有研究认为产业升级可以同时由国家和企业主导[22]。有研究者认为，产业升级是产业从低层次向高层次转换[23]，根本驱动力是劳动力、资本等生产要素通过有效转移实现产业的增长，刘仕国等（2015）用产品单位价值或单位产出的增加值率描述产业升级，认为生产资源使用效率的提升是产业升级的基础[24]。在已有研究中，产业升级的内涵主要包括生产升级、生产组织升级和市场升级（European Communities，2008），生产升级包括投入、产出与技术的升级，生产组织升级则包含过程、功能、链条的升级，市场升级主要包括了市场规模扩大与效率改善，使得产业具备内生增长动力[25]。

在宏观层面研究中，产业转型一般是指国家或地区根据在一段时期内国际、国内的社会、经济、科技等情况与趋势，通过特定产业政策或金融支持措施，改变当前国家产业的多个方面的过程，其种产业规模、结构、技术、组织方式等都发生显著变化。产业转型是复合型过程，包括了多个方面的转型。在微观角度研究中，产业转型是指生产资源要素配置的重新更替过程，通过资本、劳动力等的再配置促使产业获得新的增长动力，避免产业发展停滞与衰退的过程。在产业转型理论中，不仅包括了不平衡理论、两基准理论，还包括主导产业理论、二元理论等，这些理论都从不同角度解释了产业转型的发生与特征。

在多个分析视角下，产业转型升级都意味着进入新的工业化阶段，工业生产能力、技术水平、劳动工资状况、基础设施条件以及市场供求关系等的一系列显著变化，促使工业结构在向重化工业倾斜的基础上，进一步向制造业的更复杂部门以及产业链的更高环节转型升级[26]。在转型升级的研究中，程惠芳（2011）认为，经济转型升级主要体现为经济发展和民生改善能力提升、科技创新能力增强、国际化发展水平提高、产业结构优化、节能减排和生态环境改善[27]。产业转型升级本质上是产业国际分工的再造，而要素分工是当前国际分工的主要形式，分工的三种基本形式为产业间分工、产业内分工与产品内分工[28]。

综上所述，无论是从产品视角还是价值链等视角，产业转型升级都是从一个旧的产业体系转化为新的产业体系，而两个体系之间在效率、环境依赖性与附加值三个维度上存在着显著的差异（见图1－2），产业的转变过程可能会实现产业转型升级，因此，在本书中涉及的海洋传统优势产业的转型升级主要是指产业体系中造成产业效率提高、产业环境依赖度降低及产业附加值提高的产业结构变化。

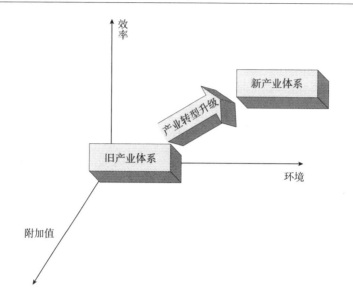

图 1 - 2　产业转型升级示意图

1.2.2　产业转型升级的过程

产业转型升级的过程是产业相关要素资源在产业间或产业内不同行业间分布配置的不断变化过程，在现代产业体系的形成过程中要素资源将不断向第三产业转移配置，从资源消耗型产业或劳动密集型产业为主的产业结构形态转移到以现代服务业与高技术产业为主的产业结构，使现代服务业、先进制造业资源在产业间、产业内不同行业间配置的动态变化过程，建立现代产业体系应该逐步将资源向第三产业倾斜配置，从劳动密集型产业和资源消耗型产业为主的产业结构向以高新技术产业和现代服务业为主的产业结构转变，逐步提高现代服务业、先进制造业和高新技术产业等高技术含量、高附加值产业在产业体系构成中的地位和比重。

在已有研究中，产业转型升级与产业结构优化之间常常存在着同步的关系，一个国家和地区的产业转型升级就表现为三次产业之间的依次转移，从而使得产品的附加值不断增加的过程[29]。更具体来说，产业结构发生附加值高的产业增加、附加值低的产业减少、资源消耗高的产业减少、新兴产业代替衰退产业等方向上的优化时，就是实现产业升级的过程[30]。隆国强（2007）认为，产业升级是特定产业内部"向资本与技术密集的价值环节提升，向信息与管理密集的价值环节提升"[31]。产业转型升级与产业结构优化伴随发生，在各行特征基本稳定的条件下，两者互为充分必要条件。

1.3　产业结构优化理论

在产业转型升级的研究中，其核心的理论基础来源于产业结构理论。任何的技术进步、要素禀赋的变化和需求结构的变化都会引致产业结构的升级，产业结构升级是多种因素作用的结果。如图 1－3 所示，产业结构优化是指推动产业结构合理化和产业结构高级化发展的过程，是实现产业结构与资源供给结构、技术结构、需求结构相适应的状态，是指产业与产业之间协调能力的加强和关联水平的提高。

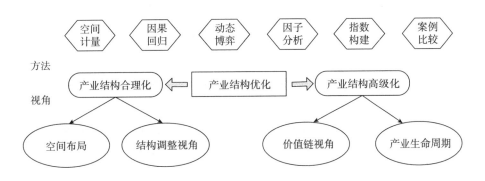

图 1－3　产业结构优化研究

1.3.1 产业结构合理化

产业结构合理化是产业结构研究中的一个重要方面，构建产业结构合理化评价体系不仅可以对产业结构调整效果进行测评，而且也可以对一国或地区的产业结构调整与优化升级进行参考。

Joshua Drucker 采用非因果回归框架，对经济多样性、产业专业化和竞争结构与经济绩效的相关关系进行了评估[32]。Andrew J. Krmenec 分析了城市体系与产业市场结构[33]，胡向婷、张璐考察了地区政府保护对地方产业结构的作用，对地区间产业结构趋同问题进行了研究[34]。李铁立、李诚固认为，产业结构的演变与区域城市化存在互动机制，一方面，产业结构的有序演变引起城市化动力机制的变化，使区域城市化表现出不同的地域模式；另一方面，城市化对区域产业结构的演变具有支撑、拉动、载体等作用，他们还探讨了两者间的作用规律，并建立了调控模式[35]。李培祥、李诚固阐述了区域产业结构演变与城市化的内涵，区域产业结构及城市化的演变阶段、演变的机制和各阶段的特征，分析了区域产业结构的主要因素与城市化间的互动关系[36]。Michael Storper 使用分工理论分析了灵活的专业化和区域产业集聚的关系[37]。

从空间布局角度来看，王文举、范合君从政治晋升的角度，用博弈论方法建立数学模型对我国地区间传统产业和新兴产业结构趋同现象进行了经济机理分析[38]。邱风、张国平、郑恒认为产业协作主要依靠市场力量，政府要为此提供政策环境，破解恶性竞争须从供给性制度变迁入手，促进区域合作，优化产业的空间布局[39]。张平、李世祥分析认为，区域经济冲突仍是中国区域产业结构调整中的重大障碍，地方政府竞争是造成这一障碍的根本原因[40]。李诚固、黄晓军、刘艳军在分析东北地区产业结构演变与城市化发展阶段性特征的基础上，对东北地区城市化与产业结构、就业结构的变化关系进行了相关分析，明确了影响城市化水平阶段性变化的主要因素，并在此基础上，对城市化与产业结构之间的相互作用关系变化进行了偏差分析[41]。付加锋、刘毅、张雷采用成分数据，利用球面投影降维的方法建立预测模型，对 2004~2008 年东部沿海地区产业结构进行了预测分析[42]。刘洋、金凤君通过深入分析不同历史时期影响区域产业生成与结构演变的因素，探讨了区域产业结构转换的形成机理[43]。闫海洲根据三次产业结构比重，构造了长三角江浙沪三地的产业结构层次系数，发现科技创新和政府规模对于产业结构高级化有正向作用[44]。王保林研究了珠三角地区产业结构改造、升级与区域经济发展，认为产业升级可以分为两个阶段，一是劳动密集型产业自身的改造和升级，主要做法是原有劳动密集型产业的省人化和品牌化；二是资本、技术密集型产业代替劳动密集型产业[45]。王云平通过研究表明，产业集群影响区域产业结构调整体现在主导产业选择、主导产业兴衰等方面[46]。

陶长琪、刘振将土地因素引入 C-D 生产函数时，发现其对产业结构合理化的影响存在非一致性，选取我国 29 个省份 2002~2013 年的数据，以土地出让性收益和土地税收性收益作为转换变量，构建 PSTR 模型，考察土地财政对我国各地区产业结构合理化的影响[47]。彭冲、李春风、李玉双在系统梳理国内外研究文献的基础上，基于 1978~2010 年的省际面板数据，采用面板向量自回归模型，实证考察了产业结构变迁对经济波动的动态影响[48]。李志翠、朱琳、张学东从产业结构合理化和产业结构高级化这两个产业结构升级的维度入手，利用协整分析、误差修正模型和 Granger 因果检验等计量方法，对我国产业结构调整对城市化进程的影响进行实证分析[49]，研究发现产业结构合理化和高级化演变在长期对城市化水平的提升均具有正向效应，产业结构高级化演变是城市化水平提升的 Granger 原因，但短期产业结构高级化演变不利于城市化水平提升。

研究产业结构合理化的学者为产业结构的量化提供了多种数量化工具，

同时在分析产业结构合理化对各要素的影响方面已经做出了多个方面的探索，取得了显著的成就，产业结构的合理化已经具有较为成熟的产业演化分析框架，在区域分析、产业分析研究中的研究基础能够为海洋产业的分析提供重要的工具与理论框架。

1.3.2 产业结构高级化

产业结构高级化除了财政、税收、信贷、外汇、物资以及政策诸方面的调控因素之外，技术结构的优化是实现产业结构高度化的本质所在。工业结构的合理和先进是产业结构高度化的重要标志之一，也就是说资源的合理配置和生产组织结构的优化，可以促使经济效益的极大提高。产业结构演进的理论和国际经验表明，向现代化转型的产业结构具有显著的特点：一是产业比较优势得到发挥，比较优势产业呈现强劲的发展势头；二是产业结构高度化趋势十分明显，集中表现为第三产业比重的迅速提高，高新技术的广泛吸收应用和高新技术产业的快速发展。Philip R. Tomlinson 探讨了地方治理结构与地方企业影响其工业区战略方向（及未来发展）的能力之间的关系[50]。盛世豪以产业价值链为主线，对全球生产体系下的国际分工格局及其变化趋势进行了探讨，认为产业竞争力并不必然地取决于产业层次，而更主要地取决于创造附加价值的能力[51]。

在产业结构高度化评价方面，研究者们通过区域比较、产业特征方面开展研究。何天祥、朱翔、王月红认为中部城市群已成为中部地区"增长极"，城市群产业结构高度化推动经济持续发展，他们基于信息熵理论和 TOPSIS 法提出用相对熵距离法对比研究中部五大城市群与珠三角城市群产业结构，解决了现有"标准结构"和评价方法不足等问题[52]。李贤珠探析了中国的产业结构高度化趋势与程度，根据 OECD 技术分类标准，以制造业为中心，对中、韩两国的产业结构进行了详尽的比较分析[53]。Peter T. Dijkstra 研究了卡特尔的稳定性以及卡特尔对管制价格的影响，认为对于一个受统一标准管制的行业，相似企业数量的增加可能有助于共谋[54]。

有的学者从产业周期理论进行分析。张辉通过对我国产业结构高度分析，明确我国当前仍处于工业化加速阶段，第二产业主导性仍非常强[55]。张辉、任抒杨从投入产出的角度来分析 2003～2007 年支撑北京产业结构高度化进程的产业变迁规律和演化路径，认为北京的地方工业化进程不但迥异于世界一般规律，而且也会有别于上海市的工业化进程[56]。肖功为通过对资本化及其高度化与产业结构高度化耦合的世界经济发展史分析，论证资本化及资本高度化是产业结构高度化的主导动力因素的演进机理，揭示资本化及资本高度化不足是制约我国产业现代化的重要原因，提出普及和开发全民"资本意识"[57]。黄亮雄、安苑、刘淑琳从调整幅度、调整质量与调整路径三个维度，构建了产业结构变动幅度指数、高度化生产率指数、高度化复杂度指数和相似度指数四个指数考察与评价了中国自 1999 年以来的产业结构调整[58]。谢植雄针对产业结构高度的概念特点，区分了现实产业结构高度与理想产业结构高度两个概念，进而对产业结构高度化的表象和实质进行辨析[59]。王林梅、邓玲基于 2000 年以来长江经济带产业结构演变的特征，运用泰尔指数法、Moore 指数法和产业结构相似系数方法对长江经济带产业结构区域差异及优化升级趋势及产业结构趋同问题进行了实证分析[60]。

产业结构高级化的研究是海洋产业转型升级研究的重要理论基础，不同产业高级化的实现路径，为海洋产业转型升级提供了重要启示，同时，产业高级化方面的微观现象解释也为海洋产业转型升级的企业做法提供了重要参考，但是海洋传统优势产业的独特性，使得部分产业高级化的分析无法简单套用，需要在现有研究基础上，将海洋产业发展规律融入研究方法中，形成相适应的分析框架。

1.4 海洋产业的特征与转型升级研究

海洋产业的研究一直以来受到国内外学者专家的重视。1960 年法国首次提出了向海洋进军的口号，随后美国、日本的专家纷纷制订研究海洋经济的科学计划和组建科研机构。20 世纪 70 年代，美国学者首次提出了"海洋经济"（Marine Economy）这一术语，进入 21 世纪，国外对海洋经济、海洋经济产业结构的研究更加深入，并趋于成熟。Colgan（2003）系统总结了美国对海洋经济的研究进程和数据获取，详细论述了沿海经济和海洋经济的区别，剖析了海岸带经济与海洋经济的区别和联系，并从海洋经济所包含的九大产业多角度地进行了发展模式的分析；Anindya Sen（2004）研究了海洋运输业的直接、间接以及波及经济效应，所采用的数据指标有 GDP 增加值、收益、利润、出口、就业等，采用方法为投入产出法；Kwak、Yoo（2005）运用投入产出法，基于韩国自 1975～1997 年的经济数据，探究了海洋经济对国民经济的贡献作用，得出海洋产业在经济的短期运行中拉动作用明显的结论；Del Campoc（2008）详细梳理了欧洲海洋产业的发展进程，并介绍了欧洲为支持海洋产业集群发展所做的项目、政策及资金支持；Pi－feng Hsieh、Yan－Ru Li（2009）对美国、日本和中国台湾的深海产业发展、海洋经济商业模式进行了剖析、比较，探究了深海产业发展与经济增长，社会进步和技术提高之间的关系，并以商业化的视角对地理环境相近的临海国家提出了发展海洋经济的政策建议；Rong－Her Chiu（2012）基于海洋产业与经济发展关系的视角，探讨了其对我国台湾经济的影响，并得出了海洋产业具有很强的诱发效应的结论。系统来看，国外关于海洋产业的研究起步较早，发展成熟，主要集中在海洋经济发展的产业进程，海洋经济对国民经济的贡献，海洋经济各个产业结构之间的关联效应以及发展模式、路径选择上，研究方法主要以投入产出法为主。

相比而言，国内学者在海洋产业结构方面的研究起步比较晚，根据文献发表的时间阶段和数量，可以将我国海洋产业结构的研究分为以下三个阶段：1978～1987 年是研究的起步阶段，1988～2002 年是研究的平稳增长阶段，2003 年至今是研究的高速增长阶段。

1978～1987 年，我国的海洋经济刚刚起步，研究论文数量较少，研究的方向主要集中在海洋经济的研究意义、海洋资源如何开发以及产业结构的划分方面，在这个时期，研究内容相对单一、分散。思想萌芽的标志是吕克义、杨金森（1983）从传统海洋产业、新兴海洋产业和未来海洋产业对产业发展进行了分析和预测，并结合国外沿海国家发展海洋经济的经验，对海洋经济对整体经济的促进作用进行了论述[61]，为我国研究海洋产业结构指明了研究方向；杨金森（1984）创新性提出了在社会主义公有制下我国的海洋经济结构和评价标准，并指出存在着海洋综合利用层次偏低，海洋经济区域发展不平衡，新兴技术和产业落后，海洋经济所占 GDP 比重低的问题，从经济产业结构调整的视角给出了诸多建议[62]，另外，还有学者从地理学的视角对我国的海岸线资源进行了梳理，从宏观角度对产业开发进行了论述[63]。

此后我国海洋经济得到了迅速的发展，成为国民经济的重要增长点，海洋产业经过了产业发展方向的探索，进入了产业结构优化、演变、集聚、生态研究的发展阶段。

1.4.1 海洋产业结构变化规律研究

海洋产业结构一直以来都是学者关注的焦点，他们从结构变化、发展阶段等方面分析了我国海洋产业结构的变化规律。首先，海洋经济研究学者从区域海洋经济发展研究入手，对演进规律进行了分析探讨，得出了海洋主导产业演化遵循着从第一产业到第二产业，再从第二产业到第三产业的演进规律[64]。其次，有的学者研究海洋产业发展演进规律的现实意义，并将海洋产业演进划分为了起步阶段、海洋第三产业与第一产业交替演化阶段、海洋第二产业大发展阶段和海洋产业发展的高级化阶段这四个阶段[65]。再次，有学者通过梳理中华人民共和国成立以来我国海洋产业结构的变迁，比较了三大产业对经济发展重要性，并指出我国海洋产业结构历经了恢复发展期、曲折前行期和产业大发展期三大历程[66]。最后，李福柱、孙明艳等则指出海洋产业间存在异速增长，各地市间海洋产业存在异构化是山东海洋经济发展呈现出的两大演进趋势[67]。

1.4.2 海洋产业结构优化的研究

较早有关海洋产业结构的研究，主要集中在海洋经济三大产业发展现状分析和政策建议方面，如张耀光采用"三轴图法"，绘制了历年来的结构三角形，通过分析其轨迹动态，作出我国海洋经济发展阶段的判断[68]；王海英、栾维新指出，海洋经济和陆地经济发展具有很大的相似性和关联性，应充分借鉴相关经验，汲取陆地产业结构升级的教训，从加强宏观管理入手，增强政府调控，以更长远的眼光进行产业发展规划和布局，促进三大产业合理、协调、可持续发展[69]；张红智、张静指出，我国海洋产业处于第一产业占主导地位的初级阶段，对资源依赖度大，存在三大产业亟待优化升级、产业技术装备落后的问题，并从海洋产业优化的目标、原则和路径给出了政策建议[70]。

随着海洋经济的迅猛发展，海洋新兴产业开始壮大，绿色经济提上日程，海洋产业开始集群发展，国内学者的研究视角也更加多元，研究领域进一步拓展，海洋产业生态、海洋经济战略性新兴产业、海洋经济的就业效应等成为研究热点。孙加韬从低碳经济的视角，提出我国海洋经济存在着产业结构不合理、科技水平偏低、生态环境恶化等诸多问题，并提出了用低碳技术改造海洋传统产业，探索、推广海洋领域的碳中和技术来优化海洋经济产业结构的建议[71]；姜秉国、韩立民指出，海洋战略性新兴产业具有经济发展的外部性特征，而科技创新是海洋战略性新兴产业发展的原动力，要依托国家政策使其尽快发展为海洋经济的主导产业[72]；崔旺来、周达军、刘洁从海洋产业所占 GDP 比重和就业比重变化分析，运用计量分析的方法考量海洋产业的劳动生产率，指出相比陆地产业，海洋产业可以创造巨大的就业需求[73]；韩立民、于会娟从市场经济配置资源存在失灵，海洋经济存在外部性入手，分析了政府在产业结构优化升级过程中的重要性，以山东为例进行了分析，并提出了政策扶持、提供地方公共产品、营造发展软环境、组织开展海洋共性和关键技术研发等建议[74]。

由于我国海洋产业体系庞大，分布区域广泛，研究各个区域之间的差异具有重要现实意义。在方法方面，专家先后将灰色系统理论[75]、灰色线性规划模型[76]、海洋资源的"尾效"效应模型[77]等方法引入海洋产业结构的分析中，将海洋经济发展的总目标落实分解到三大产业中，对区域海洋经济产业机构优化的重点领域给出建议。在指标构建方面，专家们先后通过产业集聚度[78]、产业占比[79]、比例性偏离份额[80]等指标，揭示海洋经济形成的机制，在对比分析各区域海洋产业结构优势、产业机构对海洋经济增长贡献方面产生了显著推动作用。

总体来说，基于省际尺度的海洋产业研究初期集中在 11 个沿海省份，第一产业中高端海洋产业主要集中在辽宁、山东、浙江、上海、广东等省份，诸如海洋生物类、技术装备类等第二产业中的高端产业主要集中在北京、青岛、上海，东南部经济发达的沿海城市如三亚、青岛等也是第三产业高端海洋产业的分布地。随着海洋经济的发展，学者的研究更加集中在省际之间的海洋经济产业结构比较、发展影响因素及经验借鉴上，研究视角更加宏观，现实针对性更强。

1.4.3 海洋战略性新兴产业优化研究

海洋战略性新兴产业是以海洋高新技术发展为基础，以环境友好和科技含量大为特征，对海洋经济发展起着长远作用和导向作用的开发、利用和保护海洋的新产业，具有明显的创新驱动性和发展先导性。自 20 世纪 90 年代以来，国外诸多国家对海洋战略性新兴产业给予了充分的政策倾斜和制度支持。英国有丰富的海洋资源，早在 18 世纪初，就以海运业和造船业发达领先于世界，在技术作用日益重要的海洋经济发展过程中，其适时调整海洋发展战略和重点，成立海洋技术预测委员会，全方位多层次支持新兴产业发展；美国历来重视高新技术在海洋产业中的运用，海洋探测、开发及新兴产业方面的发展都居于世界领先地位，在签署的《2009 年美国复兴与再投资法》《21 世纪海洋蓝图》中都明确强调了对新兴产业要加大投资、加强支持；日本的海洋经济占 GDP 比重较大，在海洋基础设施投资、海洋资源开采等方面已十分成熟，《海洋与日本：21 世纪海洋政策建议书》是目前指导日本海洋经济发展的代表性文件，日本明确将新兴海洋产业列为其发展的重点。

国外研究海洋战略性新兴产业结构升级的视角主要集中在制度创新领域。20 世纪 60 ~ 90 年代是新兴产业的萌芽成长期，由于制度、政策环境的不完善，学者主要在用法律保护新兴产业发展方面提供了针对性建议。如 Georghiou 等创造性提出要建立第三方机构来为海洋新兴产业发展服务，工作职责包括协助新兴产业建立、协调、维护与政府之间的关系，以达到促进新兴技术产业发展的目的[81]；Hong 则以韩国的海洋产业发展情况和法律体系为研究基础，得出了法律体系大大落后的结论，提出要构建新的海洋管理组织，完善法律体系的重要性[82]。20 世纪 90 年代后国际新兴产业发展进入成熟、快速发展期，研究视角也从法律、政策环境体系的更新转移到生态环境保护上来。Hildreth 指出美国联邦政府的法律已经吸纳了海洋生态环境的保护模块，将其上升到国家高度[83]；Salomon 提出欧洲在平衡海洋开发和保护的关系上投入巨大，各项法律、规定、政策层出不穷，以达到新兴产业发展和生态环境优质的"双赢"目标[84]。

2010 年我国陆续开启战略性新兴产业的规划和研究工作，浙江、广东、山东 3 个省份作为发展试点，将海洋新兴产业发展列入本省发展规划。针对海洋经济战略性新兴产业的文献研究也在 2010 年后大幅增长，早期文献主要集中在政策指导和结构布局上，2010 年后学者开始从宏观视角对我国战略新兴海洋产业的发展、优化、发展模式选择、协同创新体系培育等进行系统研究和梳理。丁娟、葛雪倩运用灰色关联模型，以海水利用业、海洋船舶制造业、海洋油气业、海洋生物医药业以及海洋电力业为例，从制度创新、市场培育角度对新兴战略产业增加值和各投入指标之间进行了关联分析，以定量的数据分析的全新方式提出了发展措施[85]；于会娟、李大海、刘堃梳理了近十年的新兴产业发展，由点及面铺开，分析了区域发展格局初步形成的态势，提出了产业同构化、低端化，核心技术缺失的问题，将研究视角定格为新兴产业结构的优化，从自然资源导向、市场导向、区域综合因素导向、技术导向等方面提出了针对性建议[86]；尹肖妮、王国、周建林以我国沿海 11 个省份的数据为基础，通过构建指标体系和分析模型，创新性地进行了区域知识承载力与海洋新兴产业集聚的耦合性分析，并对不同省市的发展阶段进行了实证解读[87]；宁凌、欧春尧打破研究专题，对 25 年来的文献研究领域进行了梳理，运用数据统计和文献分析工具，对于我国海洋新兴产业重点领域的研究进展进行了详尽的展示[88]。

1.5 价值链理论在产业转型升级中的应用

1.5.1 创新价值链与产业转型升级

创新价值链理论是由 Porter 提出的价值链理论演化而来，Hansen 和 Birkinshaw 最早提出将创新和价值链结合形成创新价值链（Innovation Value Chain, IVC）模型[89]，其与将原材料转化为成品的价值链不同，创新价值链是为了改进创新，需要管理人员将创新思想转化为商业产出的过程作为一个集成流程。创新价值链包括三个阶段：创意产生（内部导入、跨部门导入、外部导入）、创意转化（创意筛选创意开发）、创意扩散。创新价值链是创新链以价值为维度的抽象，从创新活动角度来看，技术创新链反映了科研成果从选题开始到实现产业化的整个过程，从资源配置的角度分析技术创新链的形成演进过程，实质上也就是一个多种资源的优化配置过程，创新链一般由若干功能节点构成，各节点之间存在协作关系，创新链围绕链条上的核心主体形成。

创新价值链理论不仅应用于企业内部，学者逐渐将视角由企业内部扩展到整个行业甚至是国家，Jurowetzki 等将国家创新体系和全球价值链文献结合起来进行经济发展研究[90]；Ganotakis 使用创新价值链理论分析了关键企业群、新技术企业与创新绩效间关系[91]；Doran 等在分析爱尔兰区域创新活动的变化中引入创新价值链理论，分析外部知识源对创新绩效与创新决策影响[92]。创新价值链不仅能够分析企业的创新力来源，而且对创新体系变化具有解释力。Pietrobelli 提出了一个多边贷款机构——美洲开发银行的案例，解释了通过改变全球价值链的位置塑造地方创新系统的过程，为工业政策提供新的工具[93]；Cheung（2016）分析中国国防创新链条时，认为引进—消化—吸收—再创新（IDAR Model）的创新链条为中国技术进步做出了巨大贡献[94]。如图1-4所示，根据Morten对创新价值链的解析，在军民融合科技创新体系中，创新主体的创新活动也可以分为知识产生、知识转化、知识传播三个阶段，单元内知识创新、跨单元合作、跨企业合作、选择、发展、传播六个环节。创新价值链理论的发展为产业转型升级过程中技术驱动力来源研究提供了依据。技术创新对产业生产率、经营绩效、全要素生产率、竞争优势、劳动生产率等方面的影响受到众多学者的关注。

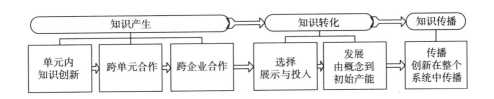

图1-4　创新价值链形式

1.5.2　海洋传统优势产业转型升级的价值链理论解释

海洋产业存在巨大差异，但也有共同特征。由于海洋产业既包括附加值高、发展潜力大的海洋高端装备制造等第二产业，也包括海洋渔业等第一产业，也有发展迅速的贸易物流等第三产业，各类产业依海建设，产业间存在巨大差异，也存在相互关联。

首先，海洋产业转型升级都显著受到政策的影响。王剑等指出，为了加速我国渔业产业结构的合理化和高度化，政府需要提供产业政策支持，以合理配置我国的渔业资源[95]。刘广东、于涛从渔船管理制度入手，研究渔业经营者的生产成本和交易成本对渔业产业结构升级的影响，并指出了当前的存在的制度瓶颈：资源配置在渔业中的第一产业的资源过多，而在渔业中第二、第三产业资源不足[96]。Karyn 与 Cathal 指出在产业结构变动和全球经济衰退的背景下，基于爱尔兰经济与港口经济的依赖，政府需要采取一系列措施如加大港口基础设施建设，明晰政府海洋运输部门的角色定位来发展海洋交通运输业的集群，以此促进经济发展[97]。Lawrence 与 Nancy 等从现行海洋交通运输业法规分析入手，说明了制度、法规、政策等对行业发展的重要影响和意义[98]。

其次，海洋产业中环境保护等问题较为突出，杨林、苏昕从产业生态学的视角研究，探究建立渔业产业生态系统的实施路径，并提出了渔业产业结构合理化、高度化、生态化等方面的目标，为日后的进一步研究打下了坚实的基础[99]；孙康、周晓静等以时空视角，依托我国沿海 11 个省份的渔业数据，运用投影寻踪模型，多智能体遗传算法以及核密度估计法对各区域的可持续利用水平进行了综合测度和分析，认为我国海洋渔业资源可持续利用不可持续性特征较明显[100]。纪建悦、孔胶胶构建了包含货运规模、距离、能源结构、强度以及碳排放系数的碳排放恒等式，以我国远洋数据为依托，分析影响碳排放的关键因素，提出了调整能源结构以降低碳排放的建议[101]。

另外，技术在海洋产业中往往发挥重要作用，Luke Georghiou 等提出了技术创新对海洋盐业等海洋产业发展的重要意义，属于早期研究科技创新因素影响的文献文章[102]。Christopher、Reuben 利用 15 个美国海运企业的面板数据，考察 1971 ~ 1982 年美国海运行业生产技术的巨大变化，将 Goldfeld 和 Quandt 的方法应用到 profit 函数中，得出了在技术取得飞跃的背景下，舰队规模的持续回报是原来的两倍多的数据结论，证实了技术在海洋交通运输业的重要性[103]。与此相似，Doloreux 等研究了加拿大沿海地区海洋盐业等产业，提出了创新对海洋产业增强竞争力的重要性[104]。

我国海洋传统优势产业转型升级是一个动态的过程，姜旭朝等论述了中华人民共和国成立以来我国海洋产业结构的变迁,进行了三大产业对经济发展重要性的比较,并指出我国海洋产业结构历经了恢复发展期、曲折前行期和产业大发展期三大历程[105]。我国传统优势产业转型升级是一个全球性过程,不能脱离全球的国际环境分析我国海洋产业转型升级,张耀光等基于我国海洋 GDP 超过美国的客观现实,对美国和我国海洋经济的产业结构进行了对比、分析[106];张帅等分析了东南亚地区油气资源的开发现状,展望了我国与其合作的发展必要性和前景[107];王勤详细剖析了经济新常态下东盟区域海洋经济发展合作的格局,为海洋经济产业结构升级,与国际接轨提出了政策建议[108];张越、陈秀莲从海洋渔业、海洋油气业和旅游业等角度对我国和东盟国家的海洋经济发展的合作进行了总结,并指出了我国科技水平在海洋经济中所占比例偏低的问题,倡导建立多层次的国际合作平台[109]。Simone 与 Francesca 把全球航运业作为一个精密、复杂的系统来考虑,通过自适应系统(CAS)对航运业进行研究并应用于集装箱领域,探讨子系统之间如何相互学习、适应、交互,以提高行业效率,促进产业优化升级[110]。如图 1-5 所示,利用价值链理论分析可以兼顾转型升级过程的动态性与全球性。

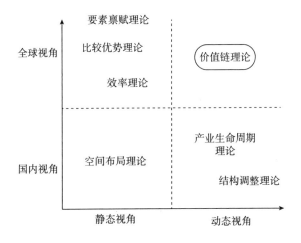

图 1-5 价值链理论研究海洋传统优势转型升级的适用性

2 海洋传统优势产业转型升级的需求与特征

海洋产业是指人们开发海洋空间、利用海洋资源所进行的各类服务和生产的活动，不同海洋产业间差异显著。本章通过厘清海洋传统优势产业的定义与产业特征，明确海洋产业中亟待转型升级的研究对象，进而梳理海洋产业转型升级的相关研究与进展，为后续研究奠定理论基础。

2.1 我国海洋产业范畴与特征

2.1.1 我国海洋经济主要的产业分布与空间分布

《2018 年中国海洋经济统计公报》显示，全国海洋生产总值 83414 亿元，比 2017 年增长 6.7%，海洋生产总值占国内生产总值的比重为 9.3%。其中，海洋第一产业增加值 3640 亿元，第二产业增加值 30858 亿元，第三产业增加值 48916 亿元，海洋第一、第二、第三产业增加值占海洋生产总值的比重分别为4.4%、37.0%和58.6%。据测算，2018年全国涉海就业人员3684万人。2018年海洋经济继续保持平稳增长，总量再上新台阶，产业结构不断优化，新兴产业和新业态快速成长，海洋经济的"引擎"作用持续发挥，推动国民经济高质量发展。2018年，我国主要海洋产业保持稳步增长，全年实现增加值33609亿元，比2017年增长4.0%。滨海旅游业、海洋交通运输业和海洋渔业作为海洋经济发展的支柱产业，其增加值占主要海洋产业增加值的比重分别为47.8%、19.4%和14.3%（见图2-1）。海洋生物医药业、海洋电力业等新兴产业增速领先。

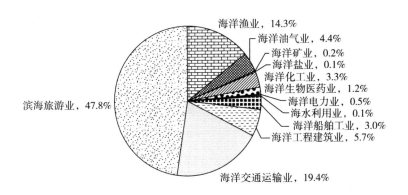

图 2-1 2018 年主要海洋产业增加值构成

通过对比2008年与2018年主要海洋产业结构可以发现，2018年海洋第三产业比重显著增加，海洋经济发展的支柱产业中，滨海旅游业比重显著增加，海洋交通运输业和海洋渔业比重相应减少，另外海洋工程建筑业增加明显。海洋船舶工业的比重都有显著提高，从2008年的不足0.2%（见图2-2），提高到2018年的超过3%，实现了较快增长。

从空间分布角度来看，2016年广东、山东、福建海洋产业生产总值规模排名前三，海洋产业在经济中的占比分别达到19.8%、19.5%、27.8%，相比于沿海其他各省份的平均占比较高。如表2-1、表2-2所示，对比2006

年与 2016 年可以发现，各区域的海洋产业规模都显著扩大，海洋产业占比也有显著提高。通过比较三次产业的分布情况变化可以看出，2006 年第三产业比重超过 50% 的省份为广东、浙江、海南、江苏、上海、福建，而到 2016 年，除江苏、广西外第三产业比重均超过 50%。对比 2006 年、2012 年与 2016 年产业结构可以发现，海洋产业中第二产业的占比出现了先上升后下降的趋势，说明在近十年来，一方面我国海洋产业正在经历快速的增长，另一方面也在经历结构的显著变化。

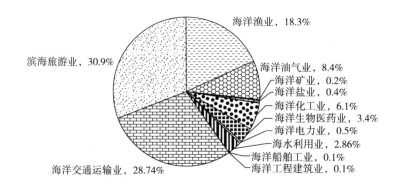

图 2-2　2008 年主要海洋产业总价值构成

表 2-1　2006 年海洋产业生产总值分布　　　　　　　　单位：亿元

地区	海洋生产总值	第一产业	第二产业	第三产业	海洋生产总值占沿海地区生产总值比重（%）
天津	1369	3.5	900.9	464.6	31.4
河北	1092.1	24.8	554	513.4	9.4
辽宁	1478.9	146.4	791.2	541.3	16
上海	3988.2	3.5	1924.2	2060.6	38.5
江苏	1287	65.4	547.2	674.5	5.9
浙江	1856.5	137.8	736.1	982.6	11.8
福建	1743.1	169.2	701.3	872.6	22.9
山东	3679.3	306.9	1786.4	1585.9	16.7

续表

地区	海洋生产总值	第一产业	第二产业	第三产业	海洋生产总值占沿海地区生产总值比重（％）
广东	4113.9	182.8	1640.5	2290.6	15.7
广西	300.7	45.7	129.7	125.4	6.2
海南	311.6	57	91	163.5	29.6
合计	21220.3	1142.9	9802.5	10274.9	15.7

资料来源：《中国海洋统计年鉴》（2006）。

表 2 - 2　2016 年海洋产业生产总值分布　　　　单位：亿元

地区	海洋生产总值	第一产业	第二产业	第三产业	海洋生产总值占沿海地区生产总值比重（％）
天津	4045.8	14.5	1838.6	2192.7	22.6
河北	1992.5	88.6	738.6	1165.3	6.2
辽宁	3338.3	424.9	1192.3	1721.1	15.0
上海	7463.4	4.4	2571.1	4887.9	26.5
江苏	6606.6	434.5	3290.6	2881.6	8.5
浙江	6597.8	499.3	2292.6	3805.9	14.0
福建	7999.7	584.5	2853.1	4562.1	27.8
山东	13280.4	776.8	5730.7	6772.9	19.5
广东	15968.4	273.8	6500.9	9193.8	19.8
广西	1251	203.5	434.4	613.1	6.8
海南	1149.7	266.1	223.8	659.9	28.4
合计	69693.7	3570.9	27666.6	38456.2	16.4

资料来源：《中国海洋统计年鉴》（2016）。

2.1.2　我国各海洋产业的发展水平差异

2018 年，海洋渔业中海洋捕捞产量持续减少，近海渔业资源得到恢复，全年实现增加值4801亿元，比2017年下降0.2%。海洋油气业受国内天然气需求增加影响，海洋天然气产量再创新高，达到154亿立方米，比2017年增长10.2%；海洋原油产量4807万吨，比2017年下降1.6%。海洋油气业全年实现增加值1477亿元，比2017年增长3.3%。海洋矿业发展保持稳定，全年实现增加值71亿元，比2017年增长0.5%。海洋盐业中盐产量持续下降，盐业市场延续疲态，全年实现增加值39亿元，比2017年下降16.6%。

2018年，海洋化工业中海洋化工业发展平稳，生产效益显著改善。重点监测的规模以上海洋化工企业利润总额比2017年增长38.0%，全年实现增加值1119亿元，比2017年增长3.1%。海洋生物医药业中海洋生物医药研发不断取得新突破，引领产业快速发展。全年实现增加值413亿元，比2017年增长9.6%。海洋电力业中海上风电装机规模不断扩大，海洋电力业发展势头强劲，全年实现增加值172亿元，比2017年增长12.8%。海水利用业中海水利用业较快发展，产业标准化、国际化步伐逐步加快，全年实现增加值17亿元，比2017年增长7.9%。海洋船舶工业中受国际航运市场需求减弱和航运能力过剩的影响，造船完工量显著减少，海洋船舶工业面临较为严峻的形势，全年实现增加值997亿元，比2017年下降9.8%。海洋工程建筑业中海洋工程建筑业下行压力加大，全年实现增加值1905亿元，比2017年下降3.8%。海洋交通运输业中海洋交通运输业平稳发展，海洋运输服务能力不断提高。沿海规模以上港口完成货物吞吐量比2017年增长4.2%，海洋交通运输业全年实现增加值6522亿元，比2017年增长5.5%。滨海旅游业继续保持较快发展，全年实现增加值16078亿元，比2017年增长8.3%。

2.2　我国海洋传统产业界定

根据中华人民共和国国家标准 GB/T 20794—2006《海洋及相关产业分类》，海洋产业是指开发、利用和保护海洋所进行的生产和服务活动。海洋产业包括主要海洋产业和海洋科研教育管理服务业，主要海洋产业则包括海洋渔业、海洋盐业、海洋交通运输业、海洋油气业、海洋矿业、海洋船舶工业、海洋化工业、海洋生物医药业、海洋工程建筑业、海洋电力业、海水利用业、滨海旅游业共 12 个产业，本书中的海洋产业即上述 12 个主要海洋产业。

根据全国科学技术名词审定委员会审定公布的《海洋科学名词：1989》对于海洋传统产业的界定，海洋传统产业是由海洋捕捞业、海洋盐业和海洋运输业等组成的生产和服务行业。《当代我国的海洋事业》编辑委员会（2009）认为，海洋传统产业包括海洋渔业、海洋运输业和海水制盐业三个产业，但也有一些学者认为海洋传统产业不只是局限于以上三个产业。

除了文献梳理以外，我们认为在确定海洋传统产业的概念时，还应该考虑将"时间"因素考虑进去。时间变迁是指"传统"一词具有相对性，根据不同的时间基准，传统的界定不同。比如延续了千百年的习俗可以称为传统，在科技日新月异的今天，可能几年、十几年前的事物就是传统的。我国海洋产业自中华人民共和国成立至今历经 70 多年发展，已经有多数海洋产业被称为海洋传统产业，可见海洋产业发展日新月异。按照时间顺序，我们可以梳理 12 个主要海洋产业的发展，大体发展顺序如表 2－3 所示。

表 2 - 3　主要海洋产业最初发展时间

时间	主要海洋产业
中华人民共和国成立后（20 世纪 50 年代）	海洋渔业、海洋盐业、海洋交通运输业、海洋矿业、海洋船舶工业
20 世纪 60 年代	海洋油气业
改革开放后（20 世纪 80 年代）	滨海旅游业
20 世纪 90 年代	海水利用业、海洋生物医药业、海洋化工业、海洋电力业、海洋工程建筑业

部分主要海洋产业的发展情况如下：

海洋矿业：我国海滨砂矿调查开始于 20 世纪 50 年代，1950 年广东、福建、山东、辽宁等省的沿海区开始采用土法开采砂矿。从这之后海洋矿业发展一直不温不火，到了 20 世纪 70 年代，我国海滨砂矿调查氛围由海岸伸向浅海。1976 年以后，滨海砂矿的调查研究和开发利用出现了一个新的局面。

海洋油气业：海上石油地质勘探始于 1959 年，20 世纪 60 年代初我国在南海进行了石油普查工作。1960 年原石油部在莺歌海进行了石油普查，做了海上地震剖面调查。但这些活动都是对海洋石油进行的勘探。我国真正的第一口生产井出现在 1967 年，1965 年原石油部建立了海洋石油探勘局，现改名为渤海石油公司。1967 年原石油部对渤海进行海底石油详查和勘探，钻出第一口井——"海一井"并出了油。

滨海旅游业：1978 年以来，即改革开放后，处于开放前沿的深圳、珠海、中山等海滨城市迅速崛起，随之厦门、汕头、海口、北海、宁波、温州、大连等一批海滨城市也脱颖而出，城市基础设计不断完善，旅游服务设施日趋配套。

海水利用业：1978 年我国成立国家科委海洋专业组海水淡化分组，指导和协调全国淡化科技工作的任务，1982 年成立了中国海水淡化与水再利用学会。但到了 1996 年，科研单位才通过有偿技术转让和创办经济实体，与产业部门引进、消化吸收相结合，形成了一支以膜法水处理为核心的新兴企业群体。

海洋电力业：我国海洋能发电截至 1985 年只有潮汐能发电初获成功。全国正常运行的潮汐电站 8 座，装机容量 4680 千瓦，年发电量 1500 万度。其中浙江江厦潮汐电站最大，容量为 3000 千瓦，年发电量 1070 万度，1980 年 5 月开始投产。海上风力发电虽然在 2004 年建设项目正式启动，但是到 2010 年我国海洋风力发电才真正实现零突破。

海洋工程建筑业：海洋工程建筑业的发展是与海洋渔业、海洋油气业、海洋交通运输业、海洋电力业存在紧密的联系的，但作为一个独立的海洋产业发展也相对较晚。

海洋生物医药业：20 世纪 90 年代起，我国海洋生物医药业才逐步发展起来，1995～1997 年我国在海洋生物活性物质、海洋药物、海洋中药及中成药、海洋保健食品等方面有许多成果，其中甲壳质资源的研究、开发及应用形成了热点。

海洋化工业：我国海洋化工业在依附于海洋盐业、海洋油气业和海洋生物医药产业，但海洋化工业作为一个独立的海洋产业发展较晚。

滨海旅游业虽然从改革开放后发展起来，但也经历了 40 多年的发展过程。综上所述，通过文献梳理法和时间梳理法我们确定了我国海洋传统产业的范围，包括海洋交通运输业、海洋渔业、海洋船舶工业、滨海旅游业、海洋矿业、海洋盐业和海洋油气业共 7 个产业。

2.3 我国海洋优势产业界定

本书认为所谓海洋传统优势产业，除了要考虑"传统"外，还要额外注意"优势"一词。为体现海洋产业中的优势产业，本书利用产业贡献度这一度量指标。产业贡献度 C 为：

$$C_{it} = \frac{I_{it}}{T_t}$$

其中，C_{it} 表示 i 产业 t 年的产业贡献度水平，I_{it} 表示 i 产业 t 年的增加值，T_t 表示 t 年全部产业总的增加值。

表 2-4 为 12 个主要海洋产业 2001~2016 年产业贡献度水平，其中均值为各个产业年均值产业贡献度。

根据图 2-3 和图 2-4 可以看出，在 12 个主要海洋产业中，产业贡献度较大的产业为滨海旅游业、海洋渔业、海洋交通运输业、海洋船舶工业、海洋油气业、海洋工程建筑业和海洋化工业。不论从产业贡献度均值还是从产业贡献度时间走势的角度看，上述 7 个海洋产业在 12 个主要海洋产业中占有优势。但如前文所述，海洋工程建筑业和海洋化工业依附于其他海洋产业发展。其中海洋工程建筑业的发展是与海洋渔业、海洋油气业、海洋交通运输业、海洋电力业存在紧密的联系。海洋化工业依附于海洋盐业、海洋油气业和海洋生物医药业。因此，海洋工程建筑业和海洋化工业的产业优势被其他海洋产业所分散。

表2-4　主要海洋产业贡献度

单位:%

年份	海洋渔业	海洋盐业	海洋交通运输业	海洋油气业	海洋船舶工业	海洋矿业	滨海旅游业	海洋化工业	海洋生物医药业	海洋工程建筑业	海洋电力业	海水利用业
2001	25.1	0.8	34.1	4.6	2.8	0.0	27.8	1.7	0.1	2.8	0.0	0.0
2002	23.2	0.7	32.1	3.9	2.5	0.0	32.4	1.6	0.3	3.1	0.0	0.0
2003	24.1	0.6	36.8	5.4	3.2	0.1	23.2	2.0	0.3	4.0	0.1	0.0
2004	21.8	0.7	34.8	5.9	3.5	0.1	26.1	2.6	0.3	4.0	0.1	0.0
2005	21.0	0.5	33.0	7.3	3.8	0.1	28.0	2.1	0.4	3.6	0.0	0.0
2006	19.0	0.4	28.8	7.6	3.9	0.2	29.8	5.0	0.4	4.8	0.1	0.1
2007	18.2	0.4	29.0	6.4	5.0	0.2	30.8	4.8	0.4	4.8	0.0	0.1
2008	18.3	0.4	28.7	8.4	6.1	0.3	30.9	3.4	0.5	2.9	0.1	0.1
2009	19.0	0.3	24.5	4.8	7.7	0.3	33.9	3.6	0.4	5.2	0.2	0.1
2010	17.6	0.4	23.4	8.0	7.5	0.3	32.8	3.8	0.5	5.4	0.2	0.1
2011	17.0	0.4	22.4	9.1	7.2	0.3	33.1	3.7	0.8	5.8	0.3	0.1
2012	17.1	0.3	22.8	8.3	6.2	0.2	33.3	4.0	0.9	6.5	0.4	0.1
2013	17.1	0.2	22.5	7.3	5.2	0.2	34.6	4.0	1.0	7.4	0.4	0.1
2014	17.1	0.3	22.1	6.1	5.5	0.2	35.3	3.6	1.0	8.4	0.4	0.1
2015	16.2	0.3	20.7	3.5	5.4	0.3	40.6	3.7	1.1	7.8	0.4	0.1
2016	16.2	0.1	21.0	3.0	4.6	0.2	42.1	3.6	1.2	7.6	0.4	0.1
均值	19.3	0.4	27.3	6.2	5.0	0.2	32.2	3.3	0.6	5.3	0.2	0.0

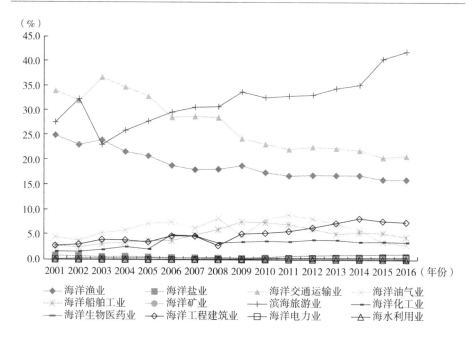

图2-3 主要海洋产业贡献度趋势

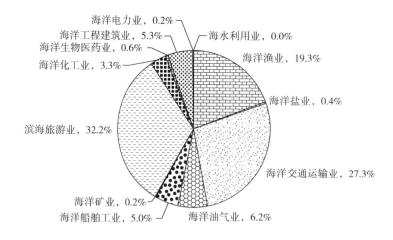

图2-4 主要海洋产业贡献度均值

2.4 当前国际环境与国内经济转型条件下各海洋产业转型升级需求

进入 21 世纪以来，绿色、低碳、环保成为海洋产业发展的新主题，主要表现在三个方面。首先，世界各国纷纷大力发展环境友好型的海洋产业，如海洋旅游和涉海金融等海洋服务业等。其次，在海洋产业的发展上更加注重可持续发展和可再生利用。主要沿海国家利用本国海域海洋能储量和资源，大力发展海洋可再生能源产业，有效降低了海洋生产的碳排放，实现了海洋可再生能源的利用。最后，世界各国纷纷改变过去在海洋产业发展过程中过度依赖能源的粗放型发展方式，不断进行技术创新以减少对化石能源的消耗。世界各国在加强海洋产业发展的同时，也开展了一系列海洋环境保护措施，甚至采取一系列措施恢复过去无序开发和过度开发所带来的环境污染问题。

原国家海洋局印发的《全国海洋生态环境保护规划（2017－2020 年）》中提出，以"绿色发展、源头护海""顺应自然、生态管海""质量改善、协力净海""改革创新、依法治海""广泛动员、聚力兴海"为原则，确立了海洋生态文明制度体系基本完善、海洋生态环境质量稳中向好、海洋经济绿色发展水平有效提升、海洋环境监测和风险防范处置能力显著提升四个方面的目标，提出了近岸海域优良水质面积比例、大陆自然岸线保有率等八项指标。突出"加快推进绿色发展"，以推动海洋开发方式向循环利用型转变、加快形成节约资源和保护环境的空间格局、产业结构和生产生活方式为目标，提出了"科学制定实施海洋空间规划""推进海洋产业绿色化发展""提高涉海产业环境准入门槛"三项重点任务，以此促进沿海地区加快建立健全绿色低碳循环发展的现代化经济体系。海洋产业中各产业转型升级都应在海洋环境保护的约束之下进行，与环境冲突较为显著的部分海洋产业应优先进行转型升级。

2.5 我国海洋传统优势产业中
需转型升级产业界定

通过以上分析，本书分别对海洋传统产业和海洋优势产业进行了界定，这一部分将对需转型升级的产业进行界定。最终汇总三种界定，确定本书所要研究的我国海洋传统优势产业中需要进行转型升级的产业。

本书采用查找政策文件的方法确定需转型升级的海洋产业，这里以国家层面颁布的政策文件为准。2012年9月国务院颁布《全国海洋经济发展"十二五"规划》中除海洋渔业、海洋盐业和海洋交通运输业外，海洋船舶工业和海洋油气业已属于所需改造提升的海洋传统产业。随后，2017年5月国家发改委和原国家海洋局发布《全国海洋经济发展"十三五"规划》，海洋船舶工业和海洋油气业仍属于海洋传统产业，只不过将"改造升级"改为"调整优化"。

从表2-5可以看出，通过对以上4个指标的整理，海洋渔业、海洋盐业、海洋交通运输业、海洋油气业、海洋船舶工业具有4项优势。

表2-5 海洋传统优势产业及转型升级产业优势分析

产业类型	文献梳理	时间因素	产业贡献度	政策文件
海洋渔业	有优势	有优势	有优势	有优势
海洋盐业	有优势	有优势	—	有优势

续表

产业类型	文献梳理	时间因素	产业贡献度	政策文件
海洋交通运输业	有优势	有优势	有优势	有优势
海洋船舶工业	有优势	有优势	有优势	有优势
海洋油气业	有优势	有优势	有优势	有优势
海洋化工业	—	—	有优势	—
海洋工程建筑业	—	—	有优势	—
海洋生物医药业	—	—	—	—
海水利用业	—	—	—	—
海洋矿业	—	有优势	—	—
海洋电力业	—	—	—	—
滨海旅游业	—	有优势	有优势	—

结合前文分析中，海洋产业在未来的转型升级过程中需要满足环境保护、国际竞争、中长期发展目标的要求，因此，本书所分析的传统海洋优势产业中需要转型升级的海洋产业最终确定为 5 个产业：海洋渔业、海洋盐业、海洋交通运输业、海洋油气业和海洋船舶工业。

3 各国海洋相关产业升级及国际发展趋势

3.1 海洋渔业转型升级模式及发展趋势

3.1.1 海洋捕捞业转型和升级模式

（1）特征：国外注重减少捕捞量以降低渔业资源压力；保护海洋鱼类赖以生存的渔场环境，禁止拖网渔船作业等；转变部分海洋捕捞作业功能，转为栽培渔业，发展休闲渔业及相关服务等；海洋捕捞以中小型机动船舶为主，各国更多地倾向于采用先进捕捞技术和船舶设备。

（2）模式：欧洲大多数国家已经对减少海洋捕捞船只和鱼类捕捞量达成协议，决定禁止实施拖网作业，减少对海洋经济幼鱼和海底环境的破坏，同时推动渔船小型化。

韩国在减少捕捞船只和渔民数量的同时，政府积极为渔民转型提供出路，韩国早在 1999 年就着手进行"海洋牧场"的研究项目，将部分从事捕捞业的渔民转移到养殖渔业。与此同时，韩国政府实行捕捞许可证制度，捕捞主体经国家认证后方可从事渔业捕捞。许可证最长有效期为 5 年，期间不许进行交易。许可证制度是根据海域区位及渔船吨位实施分级管理和审批，远洋作业渔船的捕捞许可证是经由国家海洋与渔业部的审批下发，而近海海域渔船作业需向当地政府申请。许可证不仅用于捕捞认证，而且还包括渔船作业类型、捕捞方法、捕捞期限、证书有效期限、作业水域、渔获物种类等很多规定。

日本从 1997 年起，就按总容许渔获量 TAC 制度而建立即时渔获速报体制，并采取各种措施加强检讨。此外，日本还通过增殖放流、设置人工鱼礁、保护海底藻场、设立全国性节日（如富海节）等方式，在全世界海洋捕捞的发展都面临资源衰退问题的时代背景下实现海洋渔业资源增殖，日本还颁布一系列的法律法规（如《渔业法》《水产基本法》等）来对海洋渔业资源的增殖提供制度保障。另外，日本每年都会举行全国性和地区性的增殖渔业会议，对渔业资源情况、增殖放流实施情况、放流效果评估情况和相关研究等进行交流。

美国的做法是投入大量资金，大力发展以游钓娱乐业为主的休闲渔业。在传统捕捞领域，实行捕捞统计制度、总可捕捞量制度和配额管理制度。捕捞统计制度是指渔业管理部门通过评估渔业资源状况，确定捕捞总量，要求船员必须填写捕捞日志等一套详细的生产统计表，为海事执法检查和返回渔港时上交进行汇总做准备，未填写或填写不正确者被视为违规并受到处罚。总可捕捞量制度是美国渔业资源管理最重要的制度，以渔业资源准确统计数据为基础，国家渔业局海域机构科学地设置了每个经济物种的总可捕捞量。如果某一特定时期的渔业捕捞总量已达到总可捕捞量的总额，国家渔业局立即宣布在该期间该海域的该品种停止捕捞。配额制度是指在特定的时期和指定的区域内，赋予特定的捕捞主体允许其从总可捕捞量中分配一定百分比的捕捞指标捕捞一定数量的鱼类品种的权利。

加拿大通过缩减渔业捕捞补贴、限制产量、减少捕捞渔民从业数量，解决近年来捕捞能力快速提升造成的近海过度捕捞问题。

3.1.2　水产养殖业转型和升级模式

（1）特征：许多国家将高额资金和高新技术投入养殖业，产品主要瞄准国际市场，发展高质量的品牌产品，以填补由于捕捞产品不足而出现的国际高档水产品的市场供给短缺；集约式养殖技术，如网箱养鱼、工厂化养鱼；高附加值产品如鱼类、甲壳类和鲍鱼等产量不断增加；商业化趋势明显；食用鱼产量明显增加，水生植物（绝大部分为海藻）有放缓趋势。

（2）模式：加拿大在水产养殖业的探索建设过程中，政府机构扮演了积极而重要的角色。1986～2008 年，加拿大东部的水产养殖产量从 5953 吨增至 67742 吨，年均增速达到 47.2%，这主要得益于政府在大西洋和魁北克省对水产养殖业制定了相关法律法规，明确了各方的责任义务。联邦政府主要负责鱼类的卫生防疫、栖息地保护以及科学研究。各省则负责水产养殖行业的完善、发展和监管，还负责颁发营业执照和租赁权。同时，加拿大基于不同的环境标准如水温、潮汐和冰川等，将大西洋海域分为七个不同等级的养殖区域。

挪威渔业资源丰富，海洋渔业发展已成为世界其他国家学习的典范。挪威早在 1985 年就制定了先进的水产养殖管理制度，促进深水网箱养殖产业发展。首先，挪威多采用大型深水抗风浪网箱，配套设施齐全，如自动投饵、水下摄饵监视，自动化程度较高。由于采取全天候水下监视，饵料浪费减少到最低程度，同时政府不断制定法规细则保护生态环境。其次，网箱养殖从业人员普遍具有较高的文化程度。再次，挪威渔业走的是规模化经营的产业化道路，实行苗种、养殖、环境、加工、销售一条龙，形成了完整的产业链。最后，政府投入大量资金支持科学家们进行鱼类养殖实验，在科学实验站里可以进行孵化鱼卵、培育幼鱼和海水养殖方面的研究，为养殖业的商业化提供技术支持，政府机关还向私人企业贷款，鼓励它们建造养殖场、装备现代化设备等。

美国通过推广深海网箱养殖实现海水养殖与生态环境协调发展。深海网箱养殖的优势在于拓宽了养殖海域、扩大了养殖容量、改善了养殖条件、优化了网箱结构、强化了抗风浪能力，有利于恢复沿海原用于海水养殖的农田或湿地，减轻生态折耗程度，对保护海水养殖生态系统具有十分重要的意义。此外，深海网箱养殖还可以为近海其他产业的发展腾出空间。

韩国面对稀缺的渔业资源，政府迅速地转变渔业发展思路，对渔业资源进行增殖、保护，推动海水养殖、海洋牧场建设、建立鱼苗和鱼饲料稳定供应机制以及鱼病防控体系等，成功实现渔业以捕捞为主向养殖的转型和升级。

日本通过构建封闭循环水生态系统，促进海水养殖与生态环境协调发展。封闭循环水生态系统是通过投入机械、电子、生物、化学、自动化等设施和技术，实现对溶氧、水温、光照、饵料、污染物的控制，为养殖生物提供适宜的生长环境的封闭式生态系统。一方面，该系统融合了生物学、环境工程学、流体力学、工程学、信息学等多种学科理论知识，是一个涉及多领域、多层次的复杂技术系统；另一方面，该系统是一种通过水处理设备将养殖废水净化处理后再循环利用的循环养殖系统，通过各种高科技设备运作，实现物质转换、能量转移和循环利用，有效解决了开放式养殖过程中残饵和粪便作为污染源直接外排的问题，弥补了池塘养殖和网箱养殖的劣势。

智利从20世纪80年代中期开始，政府、内外资企业和科研机构联合推动，对鲑鱼进行商业化养殖，产量增长迅猛，产业顺利实现升级。地理条件的优势是智利鲑鱼养殖业成功发展的基础，企业、政府、研究机构和相关组织的共同协作是产业成功的关键要素。转型后的智利鲑鱼产业呈现以下特点：第一，鲑鱼养殖产业集群已经形成；第二，高附加值产品的产量不断提高，如鱼片、腌鱼和熏鱼等，拉动前向关联产业的发展；第三，国际市场竞争加剧带动企业间在区域内相互依赖、分工协作，后向关联产业的发展；第四，在产品和产业内不断进行技术的研发，实现产品的多样化；第五，地方政府机构给予支持，形成了比较完备的行业标准和产品规范。

3.1.3 水产加工业转型和升级模式

（1）特征：国外鱼类消费需求增加，水产品的主要加工方式由冻鱼逐渐变为活鱼或新鲜鱼型水产品，鱼类的保鲜和安全措施逐渐引起重视；水产品深加工趋势明显；水产品综合利用范围逐渐扩大，保健类、美容类水产品加工备受青睐；水产方便食品生产前景广阔。

（2）模式：世界主要渔业国家把水产品保鲜、加工作为战略课题来抓。

一是高度重视水产加工学科的基础理论研究。自20世纪60年代起，美国、日本、加拿大、法国等相继建立了海洋药物研究中心，加大对海洋生物资源的系统研究，70年代开始陆续取得了较大的进展。

二是重视生鲜加工工艺研究，以及现代科技成果在水产加工领域的应用研究，从而有力地推动了水产加工业的发展。①日本80年代初期，水产加工产值为渔业产值的113.6%，其他发达国家的加工产值也都接近甚至超过了渔业产值。为了使水产品保鲜，日本提出一种"封住活性"的保鲜方法。同时，日本还成功地利用低值鱼类研制高营养、高蛋白、低脂肪、低热量的模拟食品，如全营养鱼制品，受人们欢迎的"海洋牛肉"，以及用离子吸附法从海带中提取出海带酸的纯结晶标准品，日本企业利用狭鳕的骨头制成天然磷灰石，作为人造纤维利用在工业中；利用乌贼和沙丁鱼内脏中的胆固醇与脂肪酸结合，制成天然液晶，从虾壳、蟹壳、贝壳的甲壳质废渣中提炼出一种高分子聚壳糖等。日本企业不断拓展水产品加工链条，向高附加值产品进军，实现产业升级。②挪威渔业发展重点在于高附加值水产品加工与深加工，大量中小型加工厂、收购站分布在整个沿海一线，为方便就地加工大部分鲜鱼提供了条件，减少了鱼类腐烂和环境污染的事故，也为进一步加工的生产厂家提供优等原料，不仅有传统的水产品加工，也有高价值的冻鱼片、鱼食和鱼油生产。③泰国在海鲜食品生产方面已成为东南亚地区首屈一指的国家，其年渔获量为 180 万~280 万吨。近年来，泰国政府为保持其海鲜食品生产和出口量，努力控制对虾养殖面积和产量，不断降低生产成本，扩大冷藏容量，并积极研究国际市场需求以及竞争对手的产品营销状况。④韩国通过研发和引进先进技术和设备，努力提高海洋水产品的附加值，打造出更多知名品牌。从政策上加强海洋水产品加工企业发展高端加工业的扶持力度，扭转以卖原材料为主的低附加值局面。大力发展技术含量高的以海洋食品、海洋药品、海洋保健品、海洋化妆品、海洋新材料等海洋"高端精产品"为主的海产品精深加工，加快发展高附加值产品生产。

三是重视水产品质量安全。英国的生鲜产品行业供应链十分发达，其原因主要有以下几点：①食品安全法的出台，为生鲜产品的现代化管理铺平了道路。②形成供应链一体化经营管理。③通过兼并收购，理顺生鲜产品供应基地。当然，成功的销售管理也是很重要的。英国水产品行业通过政府的法律支持，自身产业链的整合，很好地实现了经济效益。英国的养殖水域管得最严，人工养殖的水产品主要是鳕鱼、比目鱼以及牡蛎、扇贝。不论养殖哪种水产品，都要严格按规定选择养殖水域。德国的饲料要求高，不许用激素，为了保证水产品的质量安全，德国农业部、食品安全局、渔业局、海产品检测所四部门联合进行监控和管理。美国非常重视水产品的质量安全，"从海洋到餐桌"的相关生产者、消费者、研究院所和各级政府等都广泛参与水产品质量安全管理系统。在美国食品安全管理体系的安全指导和实施基础下，建立综合食品安全系统风险评估体系，实行三权分立的管理制度，使管理活动在科学合理的决策指导下进行。

3.1.4 海洋渔业发展的趋势

总体而言，发达国家涉海渔业减船趋势明显，这一趋势也反映出世界海洋渔业增长方式正在从产量增长型转向质量与效益并重型。联合国粮农组织推进了"蓝色增长"计划，将可持续发展作为海洋经济发展的重要目标，全球海洋渔业产业发展开始注重资源养护。

世界海洋渔业将进入全面的科学管理时代，各国更加关注海洋渔业的综合管理和转型升级。全球主要海洋国家纷纷提出海洋渔业可持续发展的目标，若干国家就国家捕鱼船队超出渔业发展的过度捕鱼能力制定相关解决措施，如限制近海大型船舶作业、规定捕捞类型等，还有些国家开始减少渔船数量。全球水生生物资源的保护和增殖进一步加强，水域生态环境的保护和管理加强，高效集约式养殖技术不断得到推广和应用。

3.2 海洋盐业及盐化工转型升级模式及发展趋势

随着国外对海洋资源的重视和海洋经济的快速发展，海洋盐业及其化工在海洋经济中的重要作用日益凸显。

3.2.1 国外海洋盐业发展转型和升级模式

各国的普遍做法是投资建立交通运输等基础设施，制定合理的扶持政策，鼓励支持生态环境友好的发展方式等等。①澳大利亚注重保护生态环境及其平衡；严格工艺监控；以提高劳动生产率为目的，采用大型化、自动化设备；并且配备了良好的装船设备和专用码头。原盐产品质量高是其长期、稳定地占有东亚市场的一个主要原因。②墨西哥采用先进的大型自动化洗盐设备以及严格控制盐田卤水中各种生物的生态平衡，建立良好的港口基础设施和装备。③美国大力推广循环经济理念。生产环节中实施热电联产和废水、废渣综合利用的氯碱企业将获得更大的发展机会，而环境污染严重、能源消耗高的企业产能将受到限制，甚至关张、停业。④日本着重提升海盐生产过程中自动化和智能化应用水平。近几年来，日本政府号召企业并推行自动化装置和无人扒盐系统，安装远程遥控装置，实现扬水纳潮智能化。

3.2.2 国外海洋盐业发展呈现出的发展态势

国外海洋盐业发展呈现出以下六个方面的特点：①海盐行业不断进行企业重组，依靠技术、产品质量和成本优势扩大资源占有量，提高市场份额，实现生产规模的大型集约化。②海盐行业提高产品质量，生产高附加值产品，延伸产业链，发挥综合效益，满足用户需求。③海盐行业注重发展高新技术、生产装置大型化，节约能源消耗，降低生产成本，生产过程机械化、自动化程度高。④综合利用。国外对卤水进行了深度开发，从中提取了大量高附加值的钾盐、锂盐、硼、溴以及其他化学产品，利用盐田生物技术，提高了海盐的产量和品质，同时又获得了卤虫、藻类等卤水生物制品。⑤海盐行业重视可持续发展。循环经济已经成为发达国家大型化工产业的必然要求，已逐渐从"末端处理"转变为"生产全过程控制"，优化产业结构，十分注意资源利用与保护的有机结合，着眼于长远发展。⑥鼓励新材料企业进行化工盐废料回收再利用，并给予一定补贴。

3.3 海洋交通运输业转型升级模式及发展趋势

进入 21 世纪，由美国次贷危机引发的全球金融风暴迅速蔓延全球，世界经济陷入衰退之中，海洋交通运输业也受到很大的影响。根据形势变化，各国海洋运输业积极进行调整，渡过危机，进入新的发展阶段。

3.3.1 国外海洋交通运输业的转型与升级模式

（1）港口与船公司联合。航运公司与港口的合作历史是比较悠久的，目前，全世界许多航运公司已成为港口设施的重要投资者，在世界前十大码头经营者中，有一半具有航运公司背景，仅马士基海陆公司、长荣、中远、东方海外等 5 家公司就在全球 30 个港口参与了投资和经营。班轮公司不断加大投资经营的力度，已成为码头经营的主角，如丹麦马士基、英国铁行、中国远洋运输集团和青岛港集团三国四方合资合作经营青岛前湾港集装箱码头已经获得成功。

（2）相关产业与支持产业协同发展。沿海港口完成外贸货物的进出境任务后，整个海运服务贸易只完成了一半，货物还需通过公路、铁路、内河、管道等多种运输方式不断延伸、扩大服务范围。好的集疏运系统对港口至关重要，它不仅仅包括对其服务腹地的运输网络，还包括港口本身内部的运输系统。中国香港、新加坡、鹿特丹、纽约等国际航运中心无不具有完善的集疏运系统。以荷兰鹿特丹港为例，其 80% 的港口吞吐货物的发货地或目的地不在荷兰，大量的货物在港口通过一流的内陆运输网进行中转。鹿特丹有高速公路、铁路、水路与欧洲各国连接，覆盖了从法国到黑海、从北欧到意大利的欧洲各主要市场和工业区。鹿特丹港最主要的运输方式是水路、铁路和管道，以减少公路交通运输拥挤和环境污染。除了海运、内河运输外，鹿特丹拥有两个先进的铁路服务中心，并有两个铁路化学品中心，很多码头也拥有自己的铁路连接。原油等液体货物主要通过管道进行输送，港区内各种运输管道的总长度已超过1200千米长的荷兰铁路系统。美国也比较注重港口集疏运系统的规划建设，特别是港口铁路集疏运系统的规划建设。比如被称为阿拉米达走廊的快速货运火车通道，就是为连接洛杉矶港、长滩港和位于洛杉矶市中心区附近的铁路中心站而专门建设的。

（3）吸引人才。国外企业靠长期积累所形成的科学管理机制，重视人才良好氛围、高待遇等吸引高级人才加盟。

（4）航运企业间的联盟与兼并。20世纪90年代后期，世界航运出现了联盟、兼并、收购的浪潮，使全球班轮的拥有量越来越集中于一些航运巨头手中。2005年马士基成功收购英荷集装箱运输公司铁行渣华，使马士基的市场份额从12%增加到17%，它打造了一艘航母级的世界航运巨头，其规模是排名第二的竞争对手两倍多，更加成就了其全球航运老大的地位。同年，全球两大班轮公司联盟，伟大联盟与新世界联盟在中国香港宣布就重点贸易干线实行合作计划。无论是全球两大班轮公司联盟还是马士基成功收购铁行渣华，都表明全球班轮业开始进入一个规模宏大的竞争与合作的新格局。

（5）在政策上给予大力支持。①德国1995～1997年对船舶投资实行特别折旧制度，允许船东通过加快折旧来减轻税负。1996～1997年德国政府向海运业提供直接补贴，年补贴金额高达1亿马克。1999年以后，以税赋救济的名义每年向德国海运业提供1.6亿马克的补贴。自1998年起，德国参照荷兰的做法，实施新的海运政策。其中主要包括放宽对德国籍船舶的船员配置要求（仅要求配德国籍船长）；允许德国航运公司代扣船员的40%所得税作为公司营运收入以降低公司成本（2003年5月起代扣比例高达80%）；采用吨税制，降低税赋。另外，德国实施的 KG 船舶融资制度。这是德国实施最早又最有效的海运支持措施。从 1969 年开始的 KG 船舶融资制度（KG 其含义为有限合伙公司），这是一种鼓励投资者，特别是个人投资者向造船投资的税收优惠措施，在促进人们向船舶投资方面起了重大作用。按照 KG 船舶融资制度，德国公民如果将收入投向 KG 筹资公司，可以减免所得税，并作为船公司（通常为单船公司）的合伙人，投资者对所投资只负有限责任。由于税收优惠，吸引了医生和牙科医生等广大小投资者和大投资家向海运业投资。在 20 世纪 90 年代后半期高潮时期，德国每年可筹措船舶资金 30 亿马克。1999 年 3 月起，德国减少了对 KG 船舶投资的税收优惠程度，筹措资金有所减少，但近年间每年仍可筹措 14 亿欧元的船舶投资资金，对促进德国船东订造船舶继续发挥重大作用。据统计，1990～2000 年 KG 筹资公司从个人投资者处共募集到约 100 亿欧元的产权资本，又以船舶第一抵押权从银行借贷到约 340 亿欧元的资金。2003 年在市场看好的形势下，个人投资者投资热情高涨，德国各 KG 公司从个人投资者募集的产权资本超过 16 亿欧元（约合 18.5 亿美元）；其中仅设在汉堡的 Norddeutsche Vermogen KG 公司在头 10 个月里从近 2000 名个人投资者那里募集了 7400 万欧元资金。②美国海运政策大体上是通过立法来实现的，从第一届国会制定的《1789 年 7 月 4 日法令》到近些年的《商船销售法》《受控承运人法》等，一方面通过立法确保美国商船在本国的地位，另一方面也积极支持本国商船队向外扩张以及海运业向国外大规模地结构性转移。③日本海运业从初创到成长壮大，政府对海运业的发展采取扶持保护主义政策，以保证其国民经济发展的需要。近些年来随着经济实力的增强和运输市场的日益全球化，日本政府开始对海运业逐步放松管理，提倡自由竞争。日本的海运政策可按时间划分为"二战"前的海运政策、"二战"后的海运政策和新海运政策（1996 年至今）。新政策中除了各种法规外，政府制定了一系列符合国情的其他航运支持性和改革性政策，如 1997 年的海运税制改革；2000 年增强国际竞争力的新提案；2005 年放松行政管理，提倡自由竞争的政策；等等。

3.3.2 世界海运业新的发展趋势

世界海运业新的发展趋势如下：①为降低成本、减少风险、争夺市场份额、提高竞争力，各公司掀起联合化、同盟化浪潮，全球集装箱船订单与船型大型化趋势非常明显，目前 5000 标准箱以上的船型已越来越普遍，并且采用了大量的高新技术。②随着现代国际经济的发展，现代海运业逐渐转向现代物流业。各大航运公司为了保证自身竞争优势，纷纷进入多式联运、仓储及流通领域，船运公司由原先单一的海上运输转向现代物流的各个方面，提供全程的运输服务，货物处于全程承运人管理之下，货物管理专业水平和信息控制能力水平等得到很大提升。③运输服务中电子订舱、电子运单、电子货币结算以及全球客户服务系统的应用越来越广泛，电子商务的实施使小企业能以相近的成本同世界上的大企业在一起竞争，也使得海运公司的内部管理机制更加灵活和有效。④欧洲和北美（通过大西洋）的海运量占全球海运总量的份额已呈现出相对下降的趋势。一方面，亚洲海运贸易强劲增长；另一方面，经济一体化区域（例如欧盟）通过陆路运输增加了大陆内部的交流，对海洋运输的需求增长有所减弱。

3.4 海洋船舶产业转型升级模式及发展趋势

3.4.1 国外海洋船舶业的转型与升级模式

海洋船舶业发展突出的国家，也呈现出差异化特点：

（1）日本：各集团内部按各船厂的生产技术状况实行大、中、小型船专业分工，并在集团组织下实施订单、设计、生产、采购计划一条龙服务，增加日本船厂间的密切协作，减少了内部竞争；因劳动力短缺，日本努力提高技术水平，改进管理，提高生产效率作为提高国际船舶行业竞争力的关键因素和突破口。近年来日本船舶产业开始由分散式发展向集群式发展过渡，在政府行业协会及企业自身的作用下，通过并购、重组等方式，日本的船舶产业逐步集中。目前，日本船舶产业围绕着东京、横滨、大阪、神户和长崎而呈现集中式发展。

（2）韩国：积极引进国外先进技术，将技术看成是船舶行业全球竞争的关键。从 20 世纪 80 年代初开始，韩国引进造船设绘工作的计算机化，80 年代后期引进 CAD/CAM 系统，使韩国造船技术达到先进国家的水平；以大型船作为主营船种，大型船厂中除大宇造船以外的其他 4 家都进行设备扩充，设备扩充意欲之强令人吃惊。例如，为建造 VLCC（巨型油船）就投资约 14.2 亿美元进行设备引进与更新。韩国的船舶配套产业在借鉴欧洲产业发展经验的基础上，凭借着政府的协调组织与政策大力扶持，依靠合作引进、学习消化、自主创新的战略得以迅速发展。目前，韩国拥有 500 多家大型船舶配套产品生产企业，从事各种船舶配套产品的生产制造，韩国船舶生产的配套设备国产化率已经达到 80% 以上，部分船用设备向外出口。

（3）德国：高度重视船舶制造技术的开发。德国已经开发出高性能的 CAD/CAM 系统应用于船厂。近几年来，德国船厂在现有生产规模的基础上向技术复杂船和高附加值船转移，力图以技术优势在国际造船业中站稳脚跟。

（4）丹麦：造船业集中，形成寡头垄断市场。造船业主要集中在 5 家企业，这几家企业各方面优势明显，使丹麦在国际造船行业中占据了重要的地位；依靠技术改进和新船型的开发研究来扩大造船能力，并参与国际船舶市场的竞争。政府在造船业投入少，主要以市场力量作为行业发展调控力量。

实践证明，在市场力量下，丹麦造船技术上占优势，而且潜力很大。

（5）波兰：造船业是组合配套型，与国内外厂商相互联系紧密。它与国内很多公司以及国外的 200 多家厂商的相互联系密不可分，造船业具有这种合作关系将对国内外贸易的繁荣和现代化有极大的促进；受到中央和地方政府的关注，缺乏独立性；设备比较现代化，制造技术比较先进。成功地建造了 20 多年的冷藏船，船厂获得了冷藏船方面的许多技术和经验，国际信誉比较高。波兰劳动力费用较低，造船成本低，这也是波兰造船崛起的一大优势。

（6）瑞典：瑞典大力生产建造散货船。散货船是指专门用于载运粉末状、颗粒状、块状等包装类大宗货物的运输船舶，如矿砂、煤炭、谷物、水泥等。属于这类船舶的主要有普通散货船、专用散货船、兼用散货船以及特种散货船等。散货船比杂货船装卸速度快，运输效率高。此外，散货船具有吨位较大、大开口、单层甲板且集中装载大宗干散货物的特点。散货船在设计建造时充分考虑了其经济适用的原则，散货船大型化发展趋势明显，且为提高装卸效率，通常采用大舱口，同时主要装载如矿石、煤炭等大宗干散货物为主。

（7）印度：印度为了适应发展需求，通过大力投资、升级改造、技术引进等方式提升造船能力。印度最大的造船厂果阿造船有限公司已启动耗资约 8900 万美元的基础设施现代化项目，在船厂内增加修理泊位、过驳作业区和升船机墩位。整个项目预计将投资约 2 亿美元，全面完成后，印度的造船能力预计提升 3 倍左右。

3.4.2 国外海洋船舶业的发展趋势

随着海上贸易量的进一步扩大，世界船舶行业也出现了一些新的发展特征，主要表现为以下五点：

（1）对新船需求量增大且成交量集中，船型趋于大型化。20世纪90年代中期以后，随着全球经济繁荣，造船业发展迅猛、需求量不断增大，其中以大型油船和干货散船为主。世界造船市场存在着四极格局，即日本、韩国、欧洲和以中国为代表的其他国家和地区。进入21世纪，韩国造船业全面超出了日本，成为世界造船业的新霸主。改革开放以来我国造船业成长迅速，国际竞争地位增强。

（2）科技在船舶制造业中成为竞争的焦点，船舶业从劳动密集型产业转向科技密集型产业。日本的长期计划为在造船科技中处于全球领先地位；韩国中长期发展目标为到2015年韩国造船完工量中高附加值船舶的比例将达到40%。欧洲造船业发展目标也明确提出2020年欧洲造船业的生产效率将达到世界第一，并在高技术船舶市场中占据90%以上的市场份额。

（3）造船业国际化趋势明显。这其中以韩国造船业最为突出，韩国的大宇、三星都已来中国建厂，韩国STX造船近期也积极推进来中国设厂，韩进重工已经决定在菲律宾建设大型船厂。日本造船业近期也积极开展与越南造船业的技术交流及合作。欧洲各国进行跨国联合建造，充分利用资源、技术等方面的优势，整合各方优势，形成战略同盟共同抵御外部竞争。欧洲船舶配套产业拥有多家跨国经营、生产、研发和销售的集团，如科瓦尔纳、多格雷格、赫格隆和利勃海尔等多家著名的船舶配套企业均为跨国经营形式。

（4）未来全球造船业格局明显。表现为韩国领先，日本衰落，改革开放以后我国崛起，欧洲在技术优势下寻求造船业优势发展，新兴造船国家崭露头角。

（5）船舶产业分工越来越细，生产越来越专业化、特色化，随着经济全球化的步伐加快，国家之间、地区之间、企业之间的经济合作越来越密切。

3.5 国外海洋油气产业转型升级特点及发展趋势

随着世界能源需求量的持续增加，海洋油气产业在海洋经济中的重要作用日益凸显。

3.5.1 国外海洋油气产业发展转型和升级模式

（1）特征。国外注重海洋油气产业开发过程中的技术变革，特别是深水区钻井平台及设备的开发使用；延长产业链，提升产品的附加值及技术水平，增强油气产品的深加工能力，发挥综合效益；转变开发模式，积极开展国际合作，探索共同开发的管理模式和共同开发的合同模式，不断加强跨国经营的风险管理；注重环境保护，各国更多采用油气生产项目的环境评估，海上平台标准化监测等举措，加强生态环境管理。

（2）模式。

美国：美国不断加强在海洋油气开发领域的技术创新和变革，掌握着勘探、钻井、开发、工程和安全五大关键技术，水下系统更是达到全球领先水平，近年来美国以研发、建造深水、超深水高技术平台装备为核心大力发展海洋装备，垄断着海洋工程装备开发、设计、工程总包及关键配套设备供货。与此同时，美国大力鼓励在沿海恢复油气开发，在最新的 2019～2024 年美国外大陆架油气钻探计划中，美国联邦政府所属海域 90% 将租给能源开发商，用于钻探。

越南：越南在发展海洋油气产业的过程中，充分发挥对外合作的作用，从 1986 年 6 月，越苏石油天然气联营公司在南部海域白虎油田开采出了越南史上第一桶油,到现在与英荷壳牌石油公司、法国道塔尔石油公司等合作,越南不断通过引进先进技术、资金和物资设备,借鉴国外经验,培养专业人才,形成自己国家的技术体系助力海洋油气的勘探、开发与生产。同时越南政府十分重视海洋油气产业发展,出台《新投资法》《石油法》《石油法修订案》,加强法律保障,确定国家发展方针,加强政策保障,加强合作模式开发和风险管理,鼓励油气行业企业走出国门,使海洋油气产业取得跨越式发展。

日本:日本作为能源大国,能源消耗一直严重依赖进口,特别是福岛核电站发生泄漏后,核电的供应大幅减少,日本对化石能源,特别是清洁能源的需求进一步提高。而日本的海洋油气田总共有七个,其中土崎冲油田已经采收完,颈城油气田已到晚期。为此日本凭借其深水环境下的勘探技术、溢油处理和环境保护的核心产品以及资本优势,不断拓展国际合作,近年来将开发视野拓展到北极区域。

韩国:韩国在东北亚海洋能源拥有得天独厚的优势,但面对进口渠道单一、消费结构不合理以及运输渠道不安全等难题,为此韩国大力加强国际合作,加强周边国家在政策方面的保障和支持。此外韩国通过有计划地引进海洋高科技人才,不断解决海洋经济发展过程中面临的问题,实现技术掌握、产业发展、人才培养、产品输出的良性循环。韩国大力发展海洋油气装备制造业,以建造技术较为成熟的中、浅水域平台产品为主领跑国际市场。

加拿大:加拿大十分注重海洋油气产业开发过程中的环境监测和保护,在海洋油气项目开发过程中,不断加强油气生产项目的环境评估和海上平台标准化监测力度,甚至通过检测冷水区(深水平台)的海鸟种群来分析平台溢油对环境和生物带来的长期影响,出台《鸟类保护法》,不断规范海上开采行为,实现资源开发和环境保护的平衡发展。

3.5.2 国外海洋油气产业发展呈现出的发展态势

（1）海洋油气产业依靠技术和成本优势扩大资源占有量，提高市场份额，实现生产规模的大型集约化。

（2）海洋油气产业注重发展高新技术，节约能源消耗，降低生产成本，不断提高存储量的勘探和可开采量，开采领域不断向深水区拓展。

（3）海盐产业重视可持续发展，优化产业结构和项目管理，十分注意资源利用与保护的有机结合，着眼于长远发展。

（4）海洋油气产业获得的政策支持、税收优惠等支持力度不断加大，逐渐上升到国家发展战略高度。

（5）海洋油气产业在拓展跨国公司经营的模式的同时，更加注重对风险的分析和监控，国际油气产业合作的合同条款越来越完善。

（6）各国更加注重海洋权益的维护，保障资源开发权利，加强在争议海域的油气开发合作，大力发展海洋油气产业。

4 我国海洋传统优势产业的
发展历程与政策变迁

4.1 我国海洋传统优势产业的发展过程分析

根据经济总体的运行状况、海洋相关政策的发布以及海洋产业的发展，我国海洋传统优势产业可大约划分为五个阶段：我国海洋经济政策的恢复和确立时期（1949～1965 年）、我国海洋经济政策曲折完善时期（1966～1977 年）、我国海洋传统优势产业改革发展时期（1978～1992 年）、我国海洋传统优势产业转型升级时期（2003～2011 年）、我国海洋传统优势产业新常态发展时期（2012 年至今）。本章主要从海洋产业整体发展历程入手，利用效率分析方法重点剖析近年来我国海洋产业的演变规律。

4.1.1 我国海洋经济政策的恢复和确立时期（1949～1965 年）

中华人民共和国成立初期，由于当时发展海洋经济的意识相对匮乏、

"一边倒"的外交政策以及主要发展内陆经济的相关政策，国家对海洋产业的发展未予以足够的重视。因此，当时海洋经济的发展重点为恢复海洋经济以及建立海防，要求恢复海洋传统优势产业、建造大量的海洋船舶、建立"海上长城"。在海防建设上，相关的行政管理机构包括"华东军区海军"、鱼雷艇部队、海军航空兵部队、潜艇部队、南海舰队以及北海舰队等。1956年随着水产部的正式设立，专门的海洋产业管理机构即海洋渔业司才成立。海洋传统优势产业的行政管理机构在这一期间的建立重点是各个沿海地区的管理机构，如各海区的渔业指挥部、沿海地区的盐务管理局、沿海城市的盐业公司、各个海区的海洋地质调查大队。这一时期的管理机构主要发挥政治和军事作用，并未以经济发展为主，但在这一时期还是出现了与海洋经济发展以及海洋资源利用相关的管理机构，如盐业托拉斯的试办、中国远洋运输总公司的成立以及国家海洋局的成立。国家海洋局的主要职责为规划、立法、管理海洋事务，这是我国建立的第一个管理国家海洋事务的行政管理机构，对海洋经济的发展有十分重要的意义。

在海洋经济政策的设立上，中华人民共和国成立初期，海洋经济发展战略实行军事与经济"两条腿走路"的基本方针，一方面要求海洋资源要满足人民的生活需求，另一方面要求相关海洋设备能提供强大的战斗力。其中与军事相关的政策上，《中国人民政治协商会议共同纲领》提出要建立海军，并陆续成立了"华东军区海军"、海军护舰队、海军航空部队、潜艇部队等。1949～1957年海洋渔业的发展要求"以恢复为主"，后期由于人民需求的增加，海产品供不应求，国家在1958年提出了"养捕并举"的发展方针，通过发展海水养殖业来满足消费者的需求。这一转变在养殖产品与捕捞产品的比例上有所体现：1950年，海水产品中捕捞产量占比为98.17%，养殖产量仅为1.83%；1976年捕捞产量占比为91.31%，养殖产量达到8.69%，养殖产量占比有所提升。在海洋盐业的发展上，这一时期的发展主要围绕着盐税、盐价、盐的产销问题以及盐场归属问题发展。在盐田的归属问题上，1950年发出了"大盐田归国有"以及废除小盐田的发展政策，之后由于该政策对盐业的发展以及对盐民生活产生了影响，又提出了"废除小盐田问题是急躁冒进的错误"。由于海洋盐业的产量受天气影响较大，因此政府在海洋盐业遭受恶劣天气影响的情况下，出台了《平衡储备盐收购管理暂行办法》《关于加强海盐生产领导的通知》等政策，以应对恶劣天气对海洋盐业产量的影响。海洋船舶工业在这一时期的发展政策主要围绕着自主研发，要求减少国外进口，大量造船，建设"海上铁路"。在政策的引导下，20世纪50年代后期，大连造船厂建成了5000吨级货轮，在50年代末，我国船厂自行设计的远洋货轮投入使用，1961年江南造船厂制造的"东风号"是我国第一艘自行设计的万吨级货轮。

我国海洋传统优势产业在第一个阶段，国家并未对海洋资源的保护予以重视，尤其在中华人民共和国成立初期，相关政策的发展以产量的增加为主，海洋资源保护的意识较为淡薄。在中后期，随着人民对海产品需求的日益增加，国家开始重视海洋资源以及环境的保护，主要体现如下：1955年，国家下发了《中华人民共和国国务院关于渤海、黄海及东海机轮拖网渔业禁渔区的命令》，划定了渤海、黄海以及东海的机轮拖船的禁渔区，之后又颁布了《关于贯彻资源保护政策有力地安排渔场与改造船网工具的指示》《水产资源繁殖保护条例（草案）》等相关政策，要求保护海洋渔业资源；国家海洋局的主要职责之一包括监督海域使用和海洋环境的保护，因此它的设立在一定程度上也表现出了国家对海洋环境的保护意识。

这一时期海洋产业的科技发展处于初步发展阶段，主要围绕着试验、勘测、观察、经验交流，并未有较大的突破。海洋渔业主要围绕着各类海产品的人工养殖试验上，如海带、贝类、鱼类等；海洋盐业的发展以技术改进为主，这种改进主要目的是提高制盐产量，在这一期间我国下发了《海盐滩晒

操作技术规程》对操作技术进行了规范；海洋油气业的发展在这一时期主要
是勘测，对各个海区的油气资源进行了勘探观察。

4.1.2 我国海洋经济政策曲折完善时期（1966～1977年）

1966～1976年受"文化大革命"的影响，海洋经济在曲折中发展，海洋
经济相关的政策很少。1966年之后的海洋渔业政策以政治发展为主，如1966
年5月26日下发的《关于沿海渔业情况和今后方针任务的报告》，提出了沿
海渔业的生产方针为"高举毛泽东思想伟大红旗，深入开展阶级斗争、生产
斗争和科学实验三大革命运动"。这一时期出台的海洋经济政策，主要集中
在海洋环境保护方面，而且出现的时间也是20世纪70年代以后。1972年，
辽宁、河北、山东、天津等省（市）对渤海、北黄海海域联合进行了调查。
1973年，福建省组织了闽江口海域污染状况调查；广东省组织了珠江口及粤
西海域污染调查。海洋其他产业发展基本停滞。

海洋油气业的发展在这一时期主要是勘测，对各个海区的油气资源进行
了勘探观察。1967年我国钻出了第一口井——"海一井"，在1974年投入生
产，并建立了渤海海上石油生产基地；海洋船舶工业在这一时期的科技发展
以军事发展以及自主研发为主，1974年我国海洋船舶工业实现了完全自主，
"没有一个零件是进口的"。在海洋教育的发展上，这一时期建立了一系列的
试验场与相关院校，相关院校的教育活动主要围绕着开展批评与自我批评等
马克思主义教育活动上。

4.1.3 我国海洋传统优势产业改革发展时期（1978～2002年）

1978年12月，党的十一届三中全会的顺利召开确定了我国改革开放的
发展方针，并将对外开放确定为我国的基本国策，实施了"走出去，引进
来"的发展战略，全党、全国的工作重心转移到了发展经济上来。1979～

1988 年我国在多个沿海城市设立了经济特区、经济开放区，这些经济区的设立为海洋传统优势产业的发展提供了有利的条件。由于海洋渔业开始发展时间较早，再加上《联合国海洋法公约》于 1996 年在我国生效，因此海洋渔业发展较为成熟，在 1999 年就开始了海洋渔业产业结构的调整。1986～1992年，我国海洋经济的增长情况如图 4-1 所示。

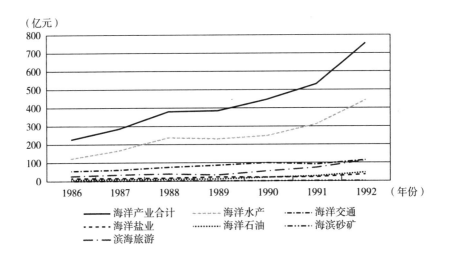

图 4-1　1986～1992 年海洋经济的增长情况

资料来源：《2007 中国海洋年鉴》。

各个海洋传统优势产业由过去的以政治发展为重点逐渐地转移为以经济发展为重心，在这一时期我国建立了相关的公司，并贯彻了"政企责任分开"的要求。由于前期管理力度的萎缩，因此在改革开放初期相关管理机构的作用是恢复对海洋传统优势产业的管理力度。具体表现如下：原国家经委在 1982 年 9 月 21 日恢复了中国海洋渔业总公司，要求"原国家水产总局直属的烟台、舟山、湛江海洋渔业公司，大连、宁波、广州渔轮厂，淄博、南通柴油机厂，温州渔业机械厂，广州渔港建设工程公司十个单位，归总公司领导"；为了更好地对海洋捕捞业进行管理，原国家经委在 1984 年 10 月将供销、养殖、海洋捕捞公司合并为"中国水产联合总公司"；这一时期还赋予了行政管理部门关于海洋环境保护的多项权利以及处理水污染事故的权利。海洋盐业管理机构在这一时期逐步走向稳定，并遵循了"政企职责分开"的要求，确立了食盐专营制度，由盐业主管机构负责全国食盐专营工作。海洋油气业则成立了多家与海洋油气业相关的机构与公司：1982 年 2 月 15 日，中国海洋石油总公司于北京正式成立，并下设了渤海、南海西部、南黄海、南海东部四个分公司以及中国海洋石油开发工程设计公司、海洋石油勘探开发研究中心以及中国海洋石油测井公司三个专业公司，之后还成立了石油地质海洋地质局、中国海洋石油平台工程公司、中国石油化工总公司、中国石油天然气总公司、中国新星石油公司并在各个地区成立了海洋地质调查局。这一时期海洋油气业管理机构还加强了对海洋石油作业的安全管理，专门成立了中国海洋石油作业安全办公室。

在海洋船舶工业的发展问题上，20 世纪 70 年代末，全国造船工业由第六机械工业部统一管理，将行政管理的运营体制改为经济组织，我国造船工业管理体制发生重大变革。1980 年中国船舶工业公司成立，1982 年 5 月中国船舶工业企业重组，将原隶属于第六机械工业部和交通部的 153 个企业事业单位合并为中国船舶工业总公司，这一合并联合了军用与民用，联合生产与外贸部门，独立经营，统一责任、权力和利益，消除了上级部门和下级部门间的管理限制。为了顺应国务院机构改革方案，1999 年中国船舶工业总公司划分为中国船舶重工业集团公司与中国船舶工业集团公司。海洋交通运输业在这一时期成立了与远洋运输相关的机构，1993 年 2 月中国远洋运输公司与中国外轮代理总公司、中国汽车运输总公司以及中国船舶燃料供应总公司组建成中国远洋运输（集团）总公司；这一时期还成立了中华人民共和国海事局（交通部海事局），负责水上交通安全的监督管理、船舶及其他水上设备的检验和登记、船舶污染治理等职责。

海洋产业政策在这一时期的初始阶段主要是恢复发展，之后随着1991年《九十年代我国海洋政策和工作纲要》的下发，提出了"以开发海洋资源、发展海洋经济为中心"，这一时期海洋产业开始围绕着"权益、资源、环境和减灾"四个方面来发展，不再单纯地恢复海洋产业。为了更好地发挥海洋的功能，发展海洋经济，了解海洋功能，1989~1998年原国家海洋局组织开展了小比例尺与大比例尺海洋功能区划工作，并在2002年完成了编制工作。国务院在2002年通过了《全国海洋功能区划》，划定了港口航运区、渔业资源利用和养护区、矿产资源利用区、旅游区、海水资源利用区、海洋能利用区、工程用海区、海洋保护区等多个区域。

全国水产会议在1977年3月终于顺利召开，提出了"合理安排近海作业，开辟外海渔场，是保证海洋捕捞持续发展的积极措施"，标志着我国海洋渔业进入了一个新的发展阶段。1979年全国水产工作会议顺利召开，会议上提出要"大力保护资源，积极发展养殖，调整近海作业，开辟外海渔场，采用先进技术，加强科学管理，提高产品质量，改善市场供应"。针对大力发展海水养殖业的要求，后续还提出了"八十年代的水产事业，主要依靠发展养殖，这一条必须肯定下来"等相关政策。1983年，国务院批转了《关于发展海洋渔业若干问题的报告》，提出了要"大力发展海水养殖业，保护、增殖近海资源，积极开发外海渔场，抓紧组织远洋渔业，切实搞好保鲜加工，注重提高产品质量，努力改善市场供应"。1985~1995年，中国现代海洋渔业的生产发展方针依然强调海水养殖的重要性，并提出发展水产品加工业。1985年3月，党中央、国务院下发了《关于放宽政策、加速发展水产业的指示》，其中提出"要像重视耕地一样重视水域的开发利用"，改变了过去"养捕并举"的生产方针，变更为"以养殖为主，养殖、捕捞、加工并举"。在国务院批转的《关于进一步加快渔业发展的意见》中，针对海洋渔业提出了

"重视近海渔业资源的保护和合理利用"。

国家在海洋渔业的发展过程中逐步意识到了渔业产业结构的不足,开始了海洋渔业产业结构的调整。1999 年 12 月 29 日,原农业部印发了《关于调整渔业产业结构的指导意见》(以下简称《意见》),其中关于海洋捕捞业提出了"调整海洋捕捞结构,减少捕捞量",并提出了海洋捕捞计划产量的"零增长",2001 年又提出了"十五"期间海洋捕捞产量"负增长"的目标。《意见》中关于海水养殖业的发展提出了"进一步优化养殖结构,改进养殖方式,提高技术水平"。海洋渔业结构的调整要求海洋捕捞产量的降低,这可能会导致大量渔民的失业。因此加强沿海渔民的转产转业有利于促进海洋捕捞业结构的调整,2002 年 6 月国务院提出每年安排 2.7 亿元转产转业资金。

这一时期关于海洋盐业发展政策的演变主要围绕着盐税、盐价、食盐的经营管理等多个方面。针对盐价的管理问题,1981 年 3 月 25 日,原轻工业部下发了《关于加强盐价管理工作的通知》;同年 4 月 17 日,原轻工业部与国家物价总局又下发了《关于调整原盐出场价的批复》,提出将一级盐每吨调为 46 元,二级盐为 42 元,三级盐为 38 元;1993 年 8 月出台的《关于调整工业用盐价格的通知》要求将原盐的出场价每吨提高 30 元;为了缓解盐业发展的困难,支持盐业的发展,1996 年 1 月 2 日,原国家计委下发了《关于调整食盐价格的通知》。针对盐业的调整发展问题,1983 年召开的盐业会议上提出了"以盐为主,盐化结合,积极发展多种经营"的方针。中国盐业公司顺应国务院提出的"利改税"提出了中国盐业公司的利改税方案,要求中国盐业总公司与其下属企业应缴纳 55% 的所得税;1994 年 1 月,盐税的税制进行了改革,取消了盐税,改为资源税和增值税。1994 年 2 月 10 日,国务院同意了食盐实行专营,根据这一要求,1996 年 5 月 27 日,国务院下发了《食盐专营办法》。

海洋油气业在这一时期的发展主要是对外合作(1978 ~ 1988 年)以及对

外合作与自我经营共同发展（1989～2002 年）。在 1979 年一年时间里，中国海洋石油总公司与 12 家外国石油公司签订了南海北部大陆架 32 万平方千米海域面积的地球物理勘探协议，之后又与法国、日本、美国等多个多家签订了勘探开发海洋石油以及天然气的项目协议。为了规范与外国公司合作开采石油的管理问题，1982 年 1 月，国务院常务会议通过了《中华人民共和国对外合作开采石油资源条例》，1988 年 4 月中华人民共和国财政部税务总局下发《关于对外石油公司在华合作勘探开发石油支出的勘探费用结转摊销问题的通知》。针对海洋石油及天然气的勘查与开采登记的管理，石油工业部下发了《石油及天然气勘查、开采登记管理暂行办法》《石油及天然气勘查、开采登记收费暂行规定》以及《开采海洋石油资源缴纳矿区使用费的规定》。

1989～2002 年，我国海洋油气业的发展转变为对外合作与自主经营相结合。我国在南海地区分别与美国、澳大利亚、意大利等国家签订了石油石油天然气开发合同；在渤海地区自 1994～1998 年与美国多个公司签订了海洋石油天然气开发合同；1994 年 4 月及 1998 年 2 月，中国海洋石油公司分别与英荷皇家壳牌石油公司分别签订了中国东海的油气勘探合同与惠州石化投资项目协议。为了更好地规范海洋油气业的相关费用，这一时期各个管理机构分别颁发了《开采海洋石油资源缴纳矿区使用费的规定》（财政部令〔1989〕1 号）、《关于中外合作开采石油资源交纳增值税有关问题的通知》（国税发〔1994〕114 号）、《关于海洋石油税收征管范围问题的通知》（国税发〔1996〕57 号）、《关于合作开采海洋石油提供应税劳务适用营业税税目、税率问题的通知》（国税发〔1997〕42 号）、《关于海洋石油若干税收政策问题的通知》（国税发〔1997〕44 号）。

改革开放以后，我国现代海洋交通运输业进一步发展，对外开放带来了海上运输量的增长，国家开始重视对外籍轮船与国际海运的管理，对航道与通航信号加强管理。1979 年 8 月 22 日，国务院批准了《中华人民共和国对外籍船舶管理规则》，1990 年 3 月 2 日，原交通部颁发《国际船舶代理管理规定》，1995 年 3 月 21 日发布《国际航行船舶进出中华人民共和国口岸检查办法》，2001 年 12 月 11 日，国务院第 49 次常务会议通过《中华人民共和国国际海运条例》。《国际船舶代理费费收项目与费率》《国内水路集装箱港口收费办法》《关于调整船舶吨税税率的通知》等政策规定了海洋运输过程中费用问题。针对水路运输的管理，1987 年国务院出台了《中华人民共和国水路运输管理条例》，对其营运管理进行了规定，1997 年 12 月又进行了修订。海上运输的增加对港口的数量以及管理提出了要求，为了促进我国港口的健康发展，1995 年 7 月 20 日，原国家计委与原交通部联合颁发《关于加强港口建设宏观管理的意见》；2002 年 1 月 4 日，原交通部以交函水 1 号令发布《关于贯彻实施港口管理体制深化改革工作意见和建议的函》，规定了港口行政管理机构的职能以及港口建设费的征管。海上货物运输的增加要求集装箱运输管理力度的增加，1984 年 1 月 1 日，海关总署颁布实施了《中华人民共和国海关对进出口集装箱和所载货物监管办法》，1990 年 12 月 5 日，国务院发布了《中华人民共和国海上国际集装箱运输管理规定》，之后又陆续颁布了《国务院关于修改〈中华人民共和国海上国际集装箱运输管理规定〉的决定》《关于实施〈国际集装箱多式联运管理规则〉有关问题的通知》，2002年下发了《关于加快发展我国集装箱运输的若干意见》，针对海上运输提出要以沿海枢纽港口为龙头。

海上交通运输安全的保障与航道的管理与交通运输信号的设置紧密相关。1987 年 8 月，国务院下发了《中华人民共和国航道管理条例》，为了进一步规范航道管理，1991 年 8 月，交通部又下发了《中华人民共和国航道管理条例实施细则》；关于运输信号以及航标的设置上，1990 年 9 月 24 日，交通部下发《客渡轮专用信号标志管理规定》，1995 年 12 月 3 日，国务院发布了《中华人民共和国航标条例》，2000 年 4 月 29 日，交通部下发了《交通部关于加强引航管理的通知》。

这一时期是海洋船舶工业的快速发展时期，1978 年 6 月，邓小平同志在听完第六机械工业部及海军的汇报后指出，造船工业要打进国际市场，进行中小船的出口，多进行造船，要以民养兵，还提出不光要引进技术还要引进管理，对造船厂进行改造，对企业进行整顿。针对船舶的安全检查问题，1990 年 3 月 14 日，交通部颁布《中华人民共和国船舶安全检查规则》，1997年交通部对该规则进行了更新，1993 年 2 月 14 日，国务院以国务院令 109 号发布《中华人民共和国船舶和海上设施检验条例》。为了加强生产过程中的安全问题，1999 年 11 月 25 日，交通部颁布《关于加强船舶安全生产的紧急通知》。

这一时期国家对海洋资源的保护以及减少海洋环境破坏十分重视，"七五"计划中强调"加强海洋资源的调查、开发和管理"，20 世纪 80 年代末提出"要十分珍惜和保护水源、海洋等自然资源"，1982 年 8 月 23 日通过了《中华人民共和国海洋环境保护法》，对各个部门的职责进行了划分，要求防治海岸工程、海洋石油勘探开发、陆源污染物、船舶以及倾倒废弃物对海洋环境的污染损害。1999 年 12 月 25 日，对该法案进行了修订，增设了海洋环境的监督管理以及海洋生态的保护，体现了海洋保护意识的加强。

由于这一时期人口数量激增，渔业资源的需求快速增长，此时过度地捕捞带来了海洋渔业资源的锐减，我国开始意识到资源保护的重要性，陆续颁布了许多与海洋渔业资源以及环境保护相关的政策，包括渔业资源的保护、禁渔区的设立、休渔制度的调整、捕捞强度的控制以及渔业生产中的安全问题。针对海洋渔业资源的保护问题，1979 年 2 月，国务院颁发了新的《水产资源繁殖保护条例》，对海水鱼类的保护种类进行了变更；针对各个海区的渔业资源保护问题，原国家水产总局下发了《关于东、黄海区水产资源保护的几项暂行规定》《关于东、黄、渤海主要渔场渔汛生产安排的暂行规定的通知》《渤海区水产资源繁殖保护规定的通知》《搞好黄、渤海区伏季繁保工作的通知》《关于东、黄、渤海主要渔场渔汛生产安排和管理的规定》《关于加强东海区集体渔业拖网渔船伏休管理措施的批复》《关于加强黄、渤海区伏季禁渔期管理的几项暂行规定》等多项政策，另外，还在东海和黄海建立了幼鱼保护区。针对海洋渔业捕捞强度的控制问题，颁发了《关于近海捕捞机动渔船控制指标的意见》《渔业捕捞许可证管理办法》《关于印发"八五"期间控制海洋捕捞强度增长指标的意见的通知》《关于"九五"期间控制海洋捕捞强度指标的实施意见》《关于切实加强海洋渔船管理的紧急通知》等多项规定。针对伏季休渔制度的设立：各个海区这一时期的伏季休渔制度进行了多次变更，陆续下发了《关于东、黄海实施伏季休渔制度的通知》《关于在东海、黄海实行新伏季休渔制度的通告》《关于明确今年伏期间东、南海休渔管理线的批复》《关于调整东、黄海和南海伏季休渔规定的通知》《关于开展东海区伏季休渔后期和禁渔区线管理海上联合行动的通知》《关于延长黄海海域休渔期的通知》《关于明确今年伏期间东、南海休渔管理线的批复》《关于调整东、黄海和南海伏季休渔规定的通知》《关于在南海实行伏季休渔制度的通知》《关于印发〈关于加强南海区禁渔区线管理的实施方案〉的通知》《关于认真贯彻伏季休渔管理等工作的通知》等多项规定，对休渔期、休渔区等进行了多次变更。

在海洋盐业的资源与环境保护问题上，党的十一届四中全会上提出"有条件的地方，也可以围海造田，但是不能影响和破坏海盐生产"，1990年3月，国务院颁发了《中华人民共和国盐业管理条例》，设立了海盐场保护区，规定"海盐场防护堤临海面的一定区域和纳潮排淡沟道两侧的一定区域划为海盐场保护区"。

这一时期国家已经意识到海洋石油的勘探可能会对海洋环境带来破坏。根据1982年通过的《中华人民共和国海洋环境保护法》中提出的防止海洋石油勘探对海洋环境的污染破坏要求，1983 年 12 月 29 日，国务院下发了《中华人民共和国海洋石油勘探开发环境保护条例》，1990 年 9 月发布实施了《中华人民共和国海洋石油勘探开发环境保护管理条例实施办法》，之后又陆续颁布了《关于征收海洋废弃物倾倒费和海洋石油勘探开发超标排污费的通知》《关于渤海区海洋石油勘探开发环境保护管理有关问题的通知》《海洋石油勘探开发环境保护管理若干问题暂行规定》《海洋石油勘探开发溢油应急计划编报和审批程序》等；为了明确环境影响评价管理程序，原国家海洋局在 2002 年 5 月 17 日下发了《海洋石油开发工程环境影响评价管理程序》，针对海洋石油平台的废弃问题，2002 年 6 月 24 日，原国家海洋局颁布实施《海洋石油平台弃置管理暂行办法》。

《中华人民共和国海洋环境保护法》强调要求防止船舶及其相关作业活动对海洋环境的破坏，防止运输过程中承载危险货物污染海洋环境。针对这一情况，1981 年 10 月，交通部发布了《船舶装载危险货物监督管理规定》，1984 年 6 月又下发了《港口危险货物管理暂行规定》。1983 年 9 月，《中华人民共和国海上交通安全法》通过，系统性地对船舶的检验与登记、危险货物的运输以及安全保障等内容进行了规定。

"文化大革命"使得我国海洋科技的发展被迫中断，因此这一时期海洋的基础研究、技术发展、海洋教育发展受到了足够的重视。经济的发展带来了需求的增加，为了满足消费者的需求，提高对海洋的利用率、发展海洋科学技术显得尤为重要。因此国家在这一时期加大了海洋科学技术的发展力度，不断开展海洋实验，借鉴外国先进海洋科学技术。1978 年 3 月全国科学大会通过了《1978～1985 年全国科学技术发展规划纲要（草案）》，其中提出要对海洋科学技术的研究进行全面安排，要求研究海水养殖与增殖的技术，提出要调查海洋资源、研究大陆架、进行深海考察，要进行港口的现代化建设，还提出要研制大型、专用的船舶，对航海新技术进行研究，并且提出了研究黄海、渤海水系的保护。在先进技术的发展上，1981年12月23日，国家水产总局发出《关于印发水产科学研究工作实行条例的通知》（渔总（科）字〔1981〕第84号），规定了水产科学研究的任务和坚持原则。

在这一时期的初期，我国主要是引进外国先进海洋渔业技术，加强与外国海洋渔业地区的交流。1979～1981年，我国分别向德国、菲律宾、日本、泰国、法国等学习先进的海洋渔业技术，这对我国沿海地区的人工养殖试验有很大的帮助，成功进行了对虾的养殖、长叶型条斑紫菜品系的培育以及扇贝和藻类的培育试验。改革开放以来，我国水产科学研究院南海水产研究所对海洋渔业科技的进步也做出了很大的贡献，成功研制了"柔浮"、围网渔轮、潜水吸鱼泵、毛虾烘干机、船用柴油机、钢制渔船等新型装置技术。这一时期，海洋渔业利用"NOAA"卫星来预测海上气象，分析鱼群走向，促进了远洋渔业的发展。在海洋渔业教育问题上，水产局鼓励创办各个类型的水产学校，在高校增设水产专业，并且要求将水产教育普及至中学，这一举措为海洋渔业培育了许多人才。

海洋盐业在这一时期主要是对海盐生产方面进行科学技术研究，目的是提高海盐生产的产量。1978年天津市制盐建工业科学研究所改为轻工业部制盐工业科学研究所，并在内部设立了海盐工业实验室。1986年6月23日，根据"科技兴盐"这一需要，我国轻工业协会成立了盐学会，并相继在各个地区和单位成立学会或科协。塑料薄膜苦盖结晶池新技术的推广在这一时期初见成效，这一技术有利于应对恶劣天气，保证在恶劣天气也可以进行结晶。到1990年，全国塑料薄膜苦盖结晶池面积已占到结晶总面积26.2%。1990年之后，除盐田生产设备的革新之外，还进行了储运设备以及滩田维修设备。1993年之后，我国开始进行海盐化工业的研究，提出"以钾盐生产为突破口，溴系列深加工产品开发为主"的行动方针。2002年8月21日召开了"全国盐业科技交流会"，这是继1992年"全国盐业科技大会"的第一次关于盐业科技的会议，针对北方海盐今后的发展方向，提出要改进盐田结构、提高技术发展、加强对科技研究；针对南方海盐的发展要求大力研发"新、特、精"盐产品。

关于海洋交通运输业的科学技术发展，这一时期成立了多家水运科学研究所，在多个港口、航运局设立了科学研究所；1986 年以来交通部多次进行海洋交通运输业的课题研究并主持国家科技攻关项目，其中有三个项目在青岛港与广州港投入，进行沿海港口的建设。在集装箱的电子信息传输问题上，1997 年我国建立了与国际标准相一致的 EDI 体系，在多个港口以及中国远洋运输总公司应用。为培养海洋运输专业人才，交通部设立了武汉水运工程学院、大连海运学院、集美航海学院、上海海运学院等普通高等院校及广州航海高等专科院校，普及海洋交通运输教育。

这一时期，海洋油气业科学技术的发展主要是通过与外国公司的合作来学习先进的技术与经验。截至 1989 年，中国海洋石油公司成功探索出多项技术，包括海上钻井、海上定位导航、近海海底管道设计等。随着计算机技术的普及与发展，海洋石油的勘探在高分辨技术、处理技术、三维地震勘探技术方面取得了明显的进步。

1988 年，中国船舶工业总公司设立综合技术经济研究院，并在研究院下设 601 所、603 所，此后成功建造出多种船舶。1990 年首艘出口冷藏/集装箱船、火车轮渡建成，之后又陆续研制出 52000 吨级浮式生产储油轮、2700 箱冷风集装箱船、破碎冰层、破冰船。1996 年，中国海军第一舰"南运 953 号"改造成功，并且在十多年后仍然为改革开放以来我国海军最大的补给舰；1997 年，潜深 6000 米无缆自治水下机器人在太平洋东南海域顺利下水，成功在海底完成摄影摄像、海底勘探等作业。

4.1.4 我国海洋传统优势产业转型升级时期（2003～2011 年）

2003～2011 年是我国海洋传统优势转型升级的时期，这一时期除海洋交通运输业之外，所有的海洋传统优势产业都在进行产业结构的转型升级。

2003 年 5 月 9 日，国务院正式下发了《全国海洋经济发展规划纲要》（以下简称《纲要》），这是第一部关于海洋经济发展的指导性文件，也是我国第一次提出建立海洋强国的目标。《纲要》要求增大海洋科学技术的贡献率，并要求使海洋产业逐步成为支柱产业。《纲要》的发布对我国海洋经济的发展有着极大的推动作用，促进了我国海洋传统优势产业的发展与产业结构的优化。

这一时期海洋传统优势产业的行政管理机构并未发生太大的变动。海洋渔业与海洋盐业的行政管理机构在这一时期比较稳定，未发生太大变动，2007 年 8 月 23 日，国家标准化管理委员会批准成立全国盐业标准化技术委员会，秘书处设置在中国盐业总公司。2010 年 6 月 18 日，在第六届二次常务理事会同意下，民政部将中盐协会化工专业委员会变更为海盐工作委员会，同年 8 月举行了海盐工作会议，讨论了海盐企业联合重组的问题。这一时期我国成立了一系列有关海洋油气业的管理机构，负责海洋油气业的发展。2003 年 4 月，中国海洋石油总公司管理委员会成立，该委员会负责我国海油的重大发展战略、重大经营决策以及改革事项的制定与调整；2004 年 10 月，中国石油集团海洋工程有限公司成立；2006 年 10 月 23 日，中国海洋石油总公司与中国化工建设总公司进行了重组，这一系列举措对海洋石油业的发展具有十分重要的意义，国家能更好地规划海洋石油业的发展。

海洋传统优势产业的发展政策在这一时期陆续提出调整产业结构，并针对各个产业的结构调整提出了配套的产业政策。2003 年 5 月出台的《全国海洋经济发展规划纲要》对各个海洋产业提出了具体的发展要求，要求海洋渔业继续推进结构调整，海洋盐业与海洋交通运输业要进行结构调整，海洋油气业要"勘探与开发并举，利用与保护并重"，海洋船舶工业要军民结合，由造船大国向造船强国发展，并提出了产业结构的调整。

4.1.5 我国海洋传统优势产业新常态发展时期（2012年至今）

党的十八大以来，我国逐渐进入了经济发展新常态，呈现出"转方式、调结构"的特征，经济增长方式由粗放型转变为集约型，实现经济发展的全面协调可持续。与此同时，海洋经济的发展也逐步进入了经济发展的新常态。这一时期关于海洋产业以及海洋经济的发展重点并未在行政管理机构上，行政管理机构的体系较为稳定，行政管理机构在这一时期并未发生太多实质性的变化。

在海洋经济综合治理新时期，我国已经初步形成了一套比较完备的海洋法律体系。在新时期海洋经济发展的过程中，为了应对我国的海洋法律体系面临的问题出台了一些必要的实施细则和实施规章，让现有的涉海法律更具操作性。2012年国务院印发《全国海洋经济发展"十二五"规划》，旨在实现我国海洋经济综合实力显著提高，海洋经济发展空间不断拓展，海洋产业布局更为合理，对沿海地区经济的辐射带动能力进一步增强，海洋资源节约集约利用水平明显提高，海洋生态环境得到持续改善，海洋可持续发展能力不断提升，沿海居民生活更加舒适安全。2017年，国务院印发《全国海洋经济发展"十三五"规划》，提出加快构建海洋经济运行监测与评估体系，提升数据质量和时效，增强服务能力；加快促进海洋产业创新发展，推动海洋经济示范区建设，引导产业集聚，推进区域增长。2001~2017年我国海洋经济发展情况如图4-2所示。

国家在这一时期更加重视海洋经济的发展，提出了许多发展海洋经济的总体规划，发展方向更加侧重于可持续发展与创新能力的提高，要求发展海洋绿色经济。2012年党的十八大首次提出了建设"海洋强国"的战略目标，提出了"提高海洋资源开发能力，发展海洋经济，保护海洋生态环境，坚决维护国家海洋权益，建设海洋强国"的发展要求。2012年9月16日，针对

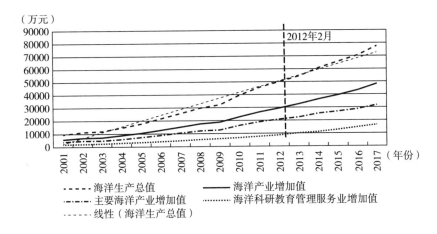

图 4 – 2　2001～2017 年海洋经济发展情况

海洋产业的发展，国务院发布了《全国海洋经济发展"十二五"规划》，提出要改造提升海洋传统产业；针对科技的发展提出了要发展海洋绿色经济；在科学技术上提出要提高海洋产业的创新能力。2013 年 4 月 11 日，原国家海洋局发布《国家海洋事业发展"十二五"规划》，提出了要进行海洋资源的管理，要求对海岛及海洋环境进行保护，并提出了发展海洋科学技术、加快海洋教育发展和人才培养。针对海洋资源调查，原国家海洋局还出台了《国际海域资源调查与开发"十二五"规划》。2017 年 5 月，国家发改委与原国家海洋局联合印发《全国海洋经济发展"十三五"规划》，规划要求不断拓展海洋经济发展空间，提高综合实力，调整海洋产业结构和布局，增强海洋科技的支撑。

"海洋强国"战略目标的提出对海洋科技发展提出了更高的要求，因此国家对海洋科学技术的发展空前重视。2017 年原农业部下发了《"十三五"渔业科技发展规划》，这一发展规划主要围绕着资源环境的保护、遗传育种、水产养殖、水产品加工等多个领域展开。为了推进海洋调查工作，加强对海洋的相关了解，《国家深海基地总体规划方案》在 2012 年审批通过，2013 年国家深海基地正式启动建设，2015 年搭载着"蛟龙号"的"向阳红 09"船停靠于国家深海基地码头，这意味着我国的深海基地正式投入使用；2012 年原国家海洋局启动了两艘 4500 吨级海洋综合科考船建设项目，分别被命名为"向阳红 01"和"向阳红 03"，经各方的努力，分别于 2015 年 7 月与 9 月下水；2014 年建成"海油 286"，这是我国第一艘多功能深水作业工程船。近几年，大数据的应用随处可见，海洋经济的发展也提出了"海洋大数据"这一概念，要求建立"海洋大数据"，具体要求获取大量海洋数据，各个平台数据资源共享，将其应用至海洋资源开发、海洋环境保护以及海洋放在减灾等多个方面。

这一时期国家对环境保护高度重视，出台了《关于划定并严守生态保护红线的若干意见》《国家环境保护标准"十三五"发展规划》《环境保护税法实施条例（征求意见稿)》《建设项目环境影响评价分类管理名录》等多项环保政策。这一时期我国对海洋环境保护力度同样空前，为了海洋经济的可持续发展，出台了各项管理规定，要求大力保护海洋环境与海洋资源。2012 年 1 月 12 日，原农业部发布了《关于调整刺网休渔时间的通告》，黄渤海区与东海区的刺网休渔时间全都改为 6 月 1 日到 8 月 1 日，南海区暂定不变。《全国海洋经济发展"十三五"规划》中提出了加强海洋生态文明建设，要求"坚持以节约优先、保护优先、自然恢复为主的方针"，要求加强海洋生态保护，推进海洋生态整治修复。其中针对海洋渔业提出加强沿海滩涂保护与开发管理，要求进行退养还滩、岸线整护等多项整治修复工程；针对海洋交通运输业及海洋油气业提出了要加快淘汰落后、过剩产能；另外，针对海洋油气业还提出要加强海上石油勘探开发溢油风险实时监测及预警预报系，避免在勘探开发过程给环境造成破坏。2017 年 1 月 19 日，原农业部渔业局发布了《农业部关于调整海洋伏季休渔制度的通告》，将所有海域休渔期的开始时间统一调整到 5 月 1 日。为了加强伏季休渔的管理，2017 年 2 月 15 日，原农业部渔业渔政管理局发布了《农业部办公厅关于做好 2017 年海洋伏季休渔工作的通知》。海洋产业各发展阶段变化如图 4 – 3 所示。

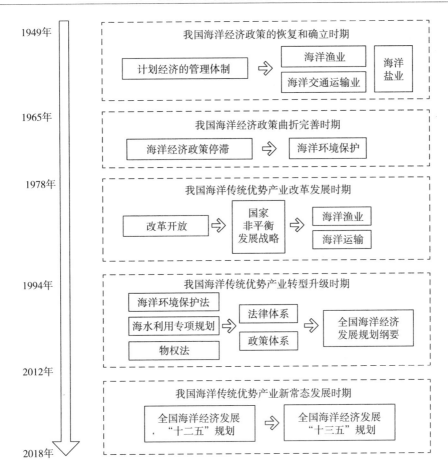

图4-3　海洋产业各发展阶段变化

4.2　我国海洋经济政策的变化与发展

我国海洋经济政策的恢复和确立时期的政策调整思路与趋向存在如下特征：①将海洋经济进行社会主义经济改造。例如，海洋渔业通过国家对农业的社会主义改造，逐渐具备渔业生产合作社的形态，从而被纳入国家计划经济形态下。②海洋经济处于起步时期，逐渐得到规范调整以待时机发展。这里的起步是指现代经济形态的起步，但传统的海洋渔业、海洋制盐业古已有之，这个时期的政策是在传统模式的基础上调整提高，制定经济政策的趋向是了解和把握这些产业的脉络，同时严格管制大部分海洋产业的发展。③海洋经济调整表现出更多的计划经济的色彩，更多地依靠自身的条件，以应对各种封锁，保持独立发展的。由于各个海洋经济产业自身的基础条件存在差异，将来发展的趋势也受到先天条件的影响，这也使后来的政策制定存在不同的思路，例如，有的产业率先实现了国际交流与合作，而有的海洋产业还一直没有放开。海洋政策演化如图 4 - 4 所示。

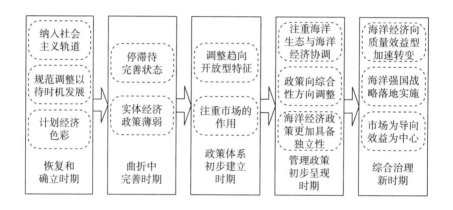

图 4 - 4 海洋政策演化

我国海洋产业政策在曲折中完善时期的政策调整思路与趋向，存在如下特征：①这段时期和前一段时期相比，很多政策处于停滞待完善状态，基本处于空白。和前一段时期相比，受"文化大革命"的影响，海洋经济政策仍然延续之前的政策，但是却失去了连贯性，短期的趋向就是要在政治斗争的基础上制定相应的政策，包括这段时期周恩来、邓小平等同志主持工作的相关政策，也均无法摆脱计划经济体制下的影子，这也暗示了即将到来的改革开放以及建立社会主义市场经济的重要趋向。②政策调整主要是以海洋环境保护的相关领域为主，主体海洋产业的发展政策基本空白。中华人民共和国成立后海洋经济政策在各个领域都稳步恢复与调整，这段时期的政策在曲折中完善，对于海洋环境保护政策的重视很大程度上反映了实体经济的衰退，实体经济政策也就显得很薄弱。直到1978年改革开放以后，海洋经济政策才有了完善的契机。海洋经济政策的演变与国家的经济发展水平、国家现阶段的着眼点等有很大关系，"文化大革命"使得国家需要在今后一段时间快速发展和恢复起来，这同样需要寻找新的经济增长点，而海洋经济则成为下一阶段国家大力发展的经济，从而使得海洋经济发展迎来了春天。

我国海洋经济政策体系初步建立时期的政策调整思路与趋向，存在如下特征：①海洋经济政策调整趋向开放型特征。海洋经济的政策随着改革开放进程的推进越来越偏向国际间的交流与合作，由于海洋本身的流动性和开放性决定了海洋经济发展需要国际化视野，同时我国改革开放处于刚刚起步时期，海洋经济发展可以借助西方先进的技术和经验，如海洋石油开采、海洋工程建筑等领域在这种情况下可以迅速发展起来。②海洋经济政策调整注重市场的作用，充分调动劳动者积极性。以往的政策局限于计划体制，政府对海洋经济产业的政策多见于国家总体调控，经济形式上以国营集体经济政策为主，而这段时期，除关系国家经济命脉的重要行业和关键领域，很多海洋产业已经调整为独立经营、自负盈亏的企业运作模式上来了。海洋经济政策在未来一段时期的发展趋势是综合型发展。这段时期，海洋经济政策的演变除了单独的产业政策的调整，没有国家全局性的、综合性的海洋经济政策体系，这与海洋经济自身的发展阶段有很大的关系。

海洋经济综合管理政策初步呈现时期的政策调整思路与趋向存在如下特征：①注重海洋生态资源的保护与海洋经济发展的协调。这一时期海洋经济政策上更加注重对海洋环境资源的保护与合理利用，海洋经济各产业的总产值逐年增加带来了一系列的生态问题，和前一阶段相比，海洋渔业、滨海旅游业等产业等越来越强调可持续发展的思想。②政策向综合性方向调整，强调多点开花。全局性的海洋经济发展规划或者纲要的出台进一步提升了海洋经济的战略地位，同时，各个海洋产业在供应链基础上协调发展，战略新兴产业逐渐兴起，全球经济逐渐开始寻找新的经济增长点，未来很有可能将目光移向海洋。海洋经济区域性特征逐渐凸显，各个地区逐渐开始培育自己新的海洋经济增长点。③海洋经济政策更加具备独立性，将来调整的趋势可能更加强调海洋环境资源的保护以及海洋资源权益的界定上。海洋环境问题以及海洋领域争端逐渐凸显，落实在海洋经济政策上，未来的海洋经济政策可能会更加关注海洋权益问题，从而在政策内容上更加强调这一问题。

在我国海洋经济综合治理新时期，存在如下特征：①党的十八大以来，沿海省（区、市）进一步关心海洋、认识海洋、经略海洋，我国海洋强国建设不断取得新成就。通过加强海洋经济宏观指导与调控，海洋经济向质量效益型加速转变，海洋经济运行总体平稳，向好势头持续发展。通过加强金融引导，海洋经济金融调节能力不断增强，同时，产业政策的合理化配套使得海洋经济产业结构不断完善，海洋经济的发展潜力也得到进一步提升。②顺应世界潮流，党中央、国务院提出了"逐步把我国建设成为海洋经济强国"的宏伟目标。随着海洋强国战略的落地实施，合理开发利用海洋资源，全面振兴海洋产业，使海洋经济领域和海防建设率先实现现代化，建立起以市场为导向，以效益为中心，结构合理、协调发展的海洋经济体系，海洋综合管理得到强化，海洋综合管理体制形成，多职能、现代化的海洋执法队伍初具规模，实现由海洋大国向海洋强国的跨越。

随着国际海洋产业的转型，我国海洋产业在成为国家支柱型产业的同时面临着国际与国内的双重挑战。海洋产业中的涉海性决定了海洋产业的多样性，现代意义的海洋经济包括了多种为开发海洋资源与仰赖海洋空间的生产活动，以及开发海洋空间及资源的产业活动，由这样的产业活动形成的经济集合都被划为现代海洋经济范畴，如海洋交通运输业、海洋渔业、海盐业、海洋船舶工业、滨海旅游业、海洋油气业等。由于海洋产业结构的复杂性，海洋产业结构的变化对社会经济发展带来的影响也是系列性的，海洋产业结构变化趋势与分析的研究正在成为研究者关注的重要问题。学者多以产业效率的变化为研究视角，通过构造海洋产业效率模型，计算海洋产业效率的变化，进而分析海洋产业结构在海洋经济发展中的演化规律，旨在国家宏观数据与产业数据的两个维度下，重新解释海洋产业效率的变化过程，归纳海洋产业演化的内在规律。

4.3 产业效率视角下海洋产业结构变化解析

在海洋产业结构变化趋势的研究中，不同专家从多个视角对海洋产业发展变化的内在规律进行解读，主要包括三个方面，第一，有的学者关注海洋产业的集中度，认为细分产业间的差距将不断缩小；第二，有的学者分析空间差异的成因和作用机制，从成熟度、产业结构贡献度等方面，分析海洋产业结构的变动与海洋经济增长的匹配关系合理；第三，有的学者分析海洋产业效率来解释海洋产业与海洋经济不同维度的变化规律，用空间计量方法测算生产要素投入贡献率，从中观层面解释海洋产业结构调整是海洋经济增长的结果，搜索海洋经济增长的持续动力。在现有的海洋产业研究中，学者们从行业分布维度与空间分布维度两个方面对海洋产业的结构进行解读。在空间分布方面，研究发现我国海洋产业空间布局存在区域间发展不协调、发展集中度较低及发展同构化明显的问题，通过分析不同时代海洋经济发展的地区差距以及海洋产业空间集聚的变动趋势，对影响因素进行探索，借助 Moran's I 指数探讨空间外溢效应。也有研究通过可变模糊识别模型得出现代海洋产业发展水平的评价得分，利用 Kernel 密度估计分析其动态演变趋势。

在行业分布维度，有研究者以海洋产业系统为研究样本，选取陆域产业为参照系，从发展速度、劳动生产率、比较劳动生产率、产业间的关联强度等多方面论证海洋产业在产业要素需求方面的独特性。

海洋的产业结构随着经济的波动与技术的进步处于不断的演化过程中，通过现有的研究可以发现，海洋产业结构与海洋产业效率之间存在着多渠道的反馈循环（见图 4 - 5）。海洋产业效率的变化是海洋企业效率变化的宏观表现，而企业效率的变化则直接影响了海洋产业中企业在空间上的分布，海洋产业在空间集聚模式上的转变可以改变区域中不同海洋产业间的竞争力比重，从而导致海洋产业结构的整体变化。

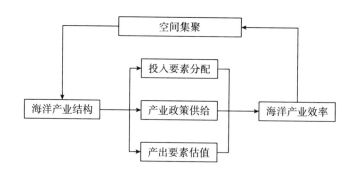

图 4 - 5　海洋产业结构与海洋产业效率的反馈循环

产业效率是将产业作为决策单元的效率分析方法，重点在于突出整个社会经济环境中产业的发展过程。在已有的海洋产业效率研究中，研究者已经将 DEA 方法作为重要的海洋产业效率度量手段，有的研究者分别构建区域海洋产业竞争力评价的单要素对比分析方法及指标体系与全要素综合量化评价的方法及指标体系，从竞争力要素层和省域综合评判海洋产业竞争力。也有研究者利用熵值法构建指数，测算资源、环境双重因素下各地海洋经济绿色全要素生产率，基于面板数据 Tobit 模型考察了不同因素对海洋经济绿色全要素生产率的影响。

在中观维度上，有研究者以企业为对象分析各年其区域内海洋产业效率的变化，程娜以海洋第二产业不同控股类型的上市公司为样本进行 DEA 分析，发现非国有控股类涉海企业的经营效率要比国有控股类高[111]。为了能够获得区域内外部环境与海洋产业效率的相关关系，本书结合国家与各省份区域产业层面的投入产出数据，使用超效率 DEA 模型分析区域海洋产业运行效率。

4.4 近年来海洋产业转型升级过程分析

4.4.1 评价指标选择

海洋产业投入产出指标的选取依赖于海洋产业的一般生产过程，在已有研究中，有的研究基于考虑非期望产出的 SBM 模型和 Malmquist 生产率指数模型，对不同年份不同省份的海洋经济效率进行了测度[112]。也有研究运用超效率 DEA 模型对不同沿海省份历年海洋科技研发的效率进行评价，从而得出海洋科技创新效率的增长、管理水平的提升与规模优化的关系[113]。在分析海洋产业效率的过程中，为了衡量海洋经济整体的发展趋势与变化特征，需要搜索不同海洋产业生产过程中的相似部分。本书从宏观与微观方面分析海洋产业运营效率的异质性，在效率估计中使用 SDEA 方法，获得各比较单元的技术效率与规模效率，并进一步分析海洋产业的特点与发展方向。

4.4.1.1 样本与指标选择

本书以 2001~2017 年全国海洋产业投入/产出数据为例，首先选取全国海洋产业 2001~2017 年的数据作为输入/输出变量，将年份作为决策单元，进而评价宏观层面我国海洋产业发展的效率态势，其次选取全国海洋产业上市企业 2001~2017 年的数据作为输入/输出变量，分析微观层面的海洋产业效率变化情况。

在海洋产业效率模型的投入与产出指标选择中，需要遵循准确性、可得性与全面性原则，从海洋产业的投入来看，主要分为人力投入、资本投入与环境营造投入三个部分，结合数据的可得性与准确性，通过整理相关数据，全国海洋产业运行效率评价指标体系如表 4-1 所示。

表 4-1 全国海洋产业效率评价体系

	X1	海洋产业就业人数
投入指标	X2	海洋产业资产总额
	Y1	海洋产业增加值
	Y2	海洋生产总值占国内生产总值比例

在微观数据层面，选取海洋产业民营上市企业的微观研究样本，通过分析 2001~2017 年海洋经济领域全国上市公司的投入和产出数据，计算海洋产业的微观层面效率，其中以企业为决策单元，将时间段内所有企业的面板数据作为整体样本进行效率计算，获得各个企业在历年中的效率变化，然后通过对比历年企业效率的平均值，分析我国海洋产业效率的变化趋势。全国海洋产业民营上市企业效率评价体系如表 4-2 所示。

表4-2　全国海洋产业民营上市企业效率评价体系

	X1	企业员工人数
投入指标	X2	企业资产总额
	Y1	企业总营收
	Y2	企业总利润

　　企业层面数据主要选取了沪深两市全部海洋产业上市公司2001～2014年的年度财务数据为研究基础，数据来源为国泰安金融研究数据库、各上市公司年报，其中基本信息如表4-3所示。

表4-3　全国2001～2017年海洋产业企业概况

年份	海洋经济企业数量（家）	平均员工人数（人）	平均资产总额（百万元）	平均总营收（百万元）	平均总利润（百万元）
2001	11	402.2727	527.620706	229.207462	14.3559761
2002	11	645.2727	870.055452	455.124407	17.831111
2003	11	888.2727	1165.05806	506.121155	31.6999419
2004	13	957.2308	1290.68503	675.154966	26.4515877
2005	13	892.7692	1406.11834	753.906237	19.875878
2006	15	1896	1535.96663	876.417768	20.8155439
2007	15	1875.733	1764.56602	1181.06482	92.8819052
2008	15	1854.267	2055.44211	1355.64894	77.8001874
2009	22	1705.227	1902.39088	1093.32017	66.1853975
2010	32	1624.594	2250.49078	1136.41715	108.812927
2011	36	1882.75	2606.14311	1414.82169	68.8814535
2012	37	1942.973	2831.53106	1637.16523	51.6072091
2013	37	1919.378	3197.58051	1836.84276	4.96380947
2014	41	1990.854	3572.15633	2083.35869	222.01542
2015	41	2110.634	4174.23216	2299.61685	68.4084649
2016	47	2248.681	4842.5554	2588.69837	167.512465
2017	48	4266.75	5860.24956	3874.26119	234.40569

4.4.1.2　数据来源与处理

（1）劳动投入。海洋产业从业人员指在海洋部门主办或实行行业管理的海洋和相关产业机构，以及由海洋部门主办的非海洋产业等机构中工作并取得劳动报酬的全部人员，数据来自《中国海洋经济统计公报》，选取"涉海就业人员数"作为劳动力投入指标，企业微观层面则选取员工总数为劳动投入指标。

（2）资本投入。本书使用"海洋经济资本存量"作为资本投入指标。由于目前没有海洋固定资产投资的相关统计数据，本书通过沿海地区资本投入数据估算海洋资本存量。具体步骤如下：

首先，估算出沿海地区资本存量，选取张军等对中国 1952～2000 年中国省际资本存量估算的成果，计算出 2000 年各沿海地区的现价资本存量[114]。其次，以 10.96% 的折旧率及 2001 年全国沿海地区全社会固定资产投资价格指数，结合 2001 年沿海地区全社会固定资产，求得基期 2001 年沿海地区资本存量现价及以 2001 年为基期的 2002～2017 年沿海地区可比价资本存量。最后，估算沿海地区海洋资本存量。为消除价格因素的影响，在修正资本存量时采用的是海洋生产总值及沿海地区生产总值可比价数据。另外，企业微观层面的数据可以直接使用总资产作为资本投入。

（3）企业产出。选择净利润与营业额作为企业的产出指标。净利润指标存在为负数的情况，当指标为负时，根据一致性原则，将负值的净利润按照比例转化为资本的增加投入，进而用于计算企业效率。

4.4.2　海洋产业效率测算结果与产业结构演化过程相关性分析

由前文模型构建可得，将 2001～2017 年的全国海洋产业作为决策单元，使用 Matlab 求解 DEA 模型中的线性规划问题，得到各年我国海洋产业效率，如表 4－4 所示。

表4-4 全国海洋产业效率评价

年份	超效率	技术效率	纯技术效率	规模效率	综合评价
2001	1.071	1	1	1	—
2002	1.070	1	1	1	—
2003	0.921	0.921	0.966	0.954	irs
2004	0.945	0.945	0.963	0.981	irs
2005	0.970	0.97	0.973	0.997	irs
2006	1.008	1	1	1	—
2007	1.011	1	1	1	—
2008	0.999	0.999	1	0.999	drs
2009	0.937	0.937	0.942	0.995	irs
2010	0.973	0.973	1	0.973	drs
2011	0.978	0.978	0.984	0.994	drs
2012	0.954	0.954	0.954	0.999	irs
2013	0.961	0.961	0.963	0.999	irs
2014	0.974	0.974	0.975	0.998	irs
2015	0.988	0.988	0.988	1	—
2016	0.989	0.989	1	0.989	drs
2017	1.104	1	1	1	—

资料来源：本书计算结果。

由表4-4可以发现，海洋产业运行效率在2001～2017年整体呈现波动增长趋势，从BCC-DEA的计算结果来看，海洋产业分别在2001年、2002年、2006年、2007年、2017年实现了相对的DEA有效，表明在经历了多次产业调整后，海洋产业投入与产出的效率得到显著地提升，并在2017年之后产业效率逐渐恢复到近十年以来的生产前沿，海洋产业在高速发展的同时其综合效率也表现为逐年的提高。

在BCC-DEA模型结果中，处于生产前沿的5个年份之间其效率高低是不可区分的，但是对比超效率DEA的结果可以发现，5个DEA有效年份的效率之间存在差异，在DEA有效的年份中，超效率最高的年份是2017年，其显著高于 2011 年、2016 年的效率值，说明海洋产业在经历"十二五""十三五"海洋产业规划建设后，整个产业的整合水平与创新能力得到显著提高，在战略性新兴产业的带动下，海洋产业的经济增长由粗放型增长向高质量增长转化，实现产业运行的动能转换。

在非 DEA 有效单元中，在 2006 年之后的各年中都出现了一定程度的规模与技术无效，说明在产业内部结构调整的过程中经过了持续不断地调整，在整个"十二五""十三五"时期海洋产业规划建设的过程中逐渐逼近有效的状态。随着经济的增长与产业规模的扩大，2008~2015 年海洋产业规模迭代调整，海洋产业在初期处于规模收益波动状态，随着新动能投入加大，海洋产业规模到高质量扩大，进而逐渐达到规模有效，而外部市场的扩张又使海洋产业得到新的规模扩大动因。这种循环持续直到 2017 年，随着连续多年的海洋产业促进政策的实施，海洋产业的规模发展超过了市场容积的扩张，海洋产业出现短暂的规模收益递减，但很快，随着海洋产业的冷却与外部市场的持续发展，海洋产业进入新的规模有效期。

在企业效率分析计算中，分别计算 2003 年、2006 年、2012 年、2017 年各企业的效率分布情况，通过分析计算结果可以发现，同样是在全国整体产业效率较高的年份，2003 年企业间的效率差异显著大于 2017 年的效率差异，而 2006 年与 2012 年企业的效率差异分别都出现了趋势性变化，规模效率递减的企业明显增加，说明在产业效率变化的过程中，企业规模经济也逐渐出现了瓶颈。2003 年、2017 年海洋产业上市企业效率情况分别如表 4-5、表 4-6 所示。

表 4-5 2003 年海洋产业上市企业效率分布

企业	超效率	技术效率	纯技术效率	规模效率	综合评价
中国凤凰	3.831333	1	1	1	—
大连国际	0.617658	0.618	1	0.618	drs
华立科技	0.617324	0.617	1	0.617	irs

续表

企业	超效率	技术效率	纯技术效率	规模效率	综合评价
美都控股	0.110147	0.11	0.536	0.206	irs
黑化股份	0.47	0.47	0.521	0.902	irs
华龙集团	0.287415	0.287	0.472	0.609	irs
双良股份	1.808123	1	1	1	—
亨通光电	0.82	0.82	0.937	0.876	irs
中天科技	0.404	0.404	0.58	0.696	irs
北海国发	0.532179	0.532	0.848	0.628	irs
长安信息	1.542866	1	1	1	—

表4-6　2017年海洋产业上市企业效率分布

企业	超效率	技术效率	纯技术效率	规模效率	综合评价
长航凤凰	1.007912	1	1	1	—
中广核技	0.464784	0.465	0.488	0.953	drs
东方海洋	0.330192	0.33	0.331	0.996	irs
威海广泰	0.320651	0.321	0.327	0.981	irs
神开股份	0.191093	0.191	0.514	0.372	irs
久立特材	0.454985	0.34	0.372	0.914	irs
巨力索具	0.1629	0.16	0.208	0.77	irs
杰瑞股份	0.532319	0.235	0.249	0.942	irs
润邦股份	0.638714	0.376	0.382	0.984	irs
大金重工	0.466943	0.414	0.746	0.555	irs
天顺风能	1.246314	0.842	0.853	0.988	irs
天沃科技	7.40E+67	0.68	1	0.68	drs
围海股份	0.642598	0.624	0.67	0.931	irs
华宏科技	0.564232	0.564	0.565	0.998	drs
雄韬股份	0.327392	0.327	0.366	0.895	irs
天海防务	1.14E+18	0.526	0.539	0.977	irs
宝德股份	0.069153	0.727	1	0.727	irs

企业	超效率	技术效率	纯技术效率	规模效率	综合评价
中科电气	0.512137	0.386	0.812	0.476	irs
海兰信	1.3575	0.971	1	0.971	irs
国联水产	0.495332	0.453	0.483	0.938	irs
太阳鸟	0.194938	0.195	0.21	0.927	irs
泰胜风能	0.665554	0.665	0.732	0.909	irs
中金环境	0.647461	0.647	0.797	0.812	drs
富瑞特装	0.323642	0.28	0.334	0.836	irs
飞力达	0.58598	0.586	0.644	0.911	irs
华鹏飞	0.406674	0.335	0.342	0.978	irs
天和防务	0.469048	0.469	0.536	0.875	irs
中富通	0.661999	0.546	0.884	0.618	irs
天能重工	0.557249	0.549	0.774	0.709	irs
江龙船艇	0.480708	0.481	0.754	0.638	irs
瑞特股份	1.267235	1	1	1	—
开创国际	0.74539	0.745	0.746	1	—
美都能源	0.461068	0.98	1	0.98	drs
安通控股	1.357241	1	1	1	—
中昌数据	3.94	1	1	1	—
好当家	0.114	0.114	0.149	0.765	irs
双良节能	0.32041	0.319	0.357	0.894	irs
亨通光电	0.836834	0.837	1	0.837	drs
中天科技	1.131068	0.882	1	0.882	drs
国发股份	0.242739	0.243	0.671	0.362	irs
曲江文旅	1.18	0.33	0.344	0.957	irs
科达股份	251.7632	0.973	1	0.973	drs
亚星锚链	0.183781	0.165	0.231	0.715	irs
德邦股份	1.36	1	1	1	—
浙江仙通	1.31	1	1	1	—
汇金通	0.341033	0.334	0.433	0.772	irs
东方电缆	0.643076	0.643	0.716	0.899	irs
禾丰牧业	2E + 11	1	1	1	—

4.4.3 海洋产业结构演化中产业效率的变化路径

进入 21 世纪以来，随着经济的高速发展，我国海洋产业结构正在持续发生着变化。据《中国海洋经济统计公报》的数据显示，2003 年我国海洋产业总产值首次突破一万亿元大关，达到 10077.71 亿元，海洋产业增加值为 4455.54 亿元，按可比价格计算，比 2002 年增长 9.4%，继续保持高于同期国民经济的增长速度，相当于全国国内生产总值的 3.8%。海洋三次产业结构比例为 28:29:43，而 2017 年全国海洋生产总值为 77611 亿元，其中海洋第一产业增加值为 3600 亿元，第二产业增加值为 30092 亿元，第三产业增加值为 43919 亿元，海洋第一、第二、第三产业增加值占海洋生产总值的比重分别为 4.6%、38.8% 和 56.6%，第二产业与第三产业的比重都得到了显著提高。

分析我国进入 21 世纪以来，海洋三次产业结构不断调整发展的过程，可以发现，我国海洋产业结构相比于全国整体经济产业结构的调整存在显著的差异，海洋第二产业的占比呈现出先增加后减少的趋势，而第三产业的占比在经历了一段时间的调整后逐渐成为海洋产业的主要组成部分。在 20 多年的发展中，海洋产业结构演化的过程可以分为三个主要的阶段：第一阶段是海洋产业粗放发展期，随着技术的进步与国内市场的逐步开放，海洋第二产业得到了极大的释放，这一时期是海洋经济市场化不断深化的结果，以外向型、加工型经济为主体的产业结构提供了该时期经济发展的主要基础，海洋第二产业占比逐渐增加，相对地海洋第三产业占比逐年降低。第二阶段是海洋产业结构调整期，在国际国内经济结构逐渐出现深度变化与环境压力不断增大的条件下，海洋第二产业与第三产业中不同行业与企业不断搜索新的经济增长点，海洋经济在探索中寻找新的发展方向，海洋第二产业与第三产业的占比呈现交替波动趋势。第三阶段是海洋产业新动能发展期，不同区域经济体基于海洋环境与经济协调发展的需要，逐渐探索出各自海洋经济发展新动能，一批新行业、新企业、新产品、新技术相继对原有产业结构产生了显著影响，相应地，海洋第三产业快速发展，占比不断提高，成为海洋产业的最主要组成部分。如图4-6所示，通过比较三个阶段可以发现，海洋第一产业占比呈现稳定下降趋势，海洋第三产业发展则显著地依赖于时代的变化，海洋第二产业的占比与第三产业占比呈现显著负相关关系。

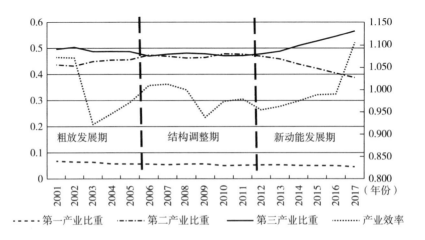

图4-6 我国海洋产业结构调整与产业效率波动趋势

5 我国海洋传统优势产业转型升级影响因素分析

本章在海洋产业背景分析的基础上，对我国海洋传统优势产业转型升级的影响因素进行实证研究。按照产业的差异，对逐个产业进行混合回归分析，通过建立多因素影响模型，将海洋产业转型升级作为因变量，在各个产业的主要相关因素中，搜索主要影响因素，为海洋产业的转型升级路径构建提供因素梳理依据。我国海洋传统产业转型升级问题，总的来说是政策、科学技术和资源的综合影响的结果，但不同的海洋传统产业其转型升级问题存在区别。

5.1 我国海洋产业宏观转型升级现状分析

根据理论部分对于宏观层面我国海洋产业转型升级的分析，本书从海陆间、海洋产业间和海洋新兴产业三个角度对我国海洋产业宏观转型升级的现状进行描述与分析。

如图 5 – 1 所示，我国海洋生产总值从 2001 年的 9518.4 亿元增至 2016 年的 70507 亿元，海洋生产总值占陆域生产总值的比例在 16 年间波动增长，从 2001 年的 9.4% 增至 2016 年 10.5% 。海洋经济规模在波动中增加。

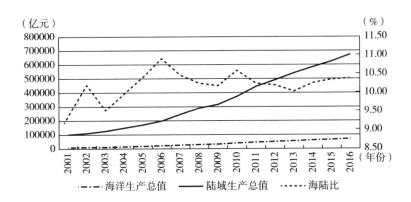

图 5 – 1　我国海洋经济与陆域经济发展对比

如图 5 – 2 所示，在海洋第一、第二、第三产业产值所占海洋总产值比重方面，海洋第一产业占海洋总产值的比重从 2001 年的 6.79% 小幅降至 2016 年的 5.06% 。海洋第二产业占海洋总产值的比重从 2001 年的 43.62% 小幅降至 2016 年的 40.4% 。海洋第三产业占海洋总产值的比重从 2001 年的 49.59% 小幅增至 2016 年的 54.54% 。其中，2006 ~ 2012 年海洋第二产业和第三产业占海洋总产值的比重大体相同。但 2012 年后，海洋第二产业和第三产业各自占海洋总产业比重的差距逐渐加大。若以海洋第三产业比重来衡量海洋产业转型升级的程度，那 2012 年后我国海洋产业转型升级度不断提高。但对此度量方法的准确性仍然存在质疑。

本书选取海洋生物医药业、海洋工程建筑业、海洋电力业和海水利用业作为海洋新兴产业的代表。图 5 – 3 中海洋新兴产业产值比重为此四个海洋新兴产业产值总和占海洋产业总产值的比例。若从海洋新兴产业层面，以海洋新兴产业产值比重来衡量我国海洋产业转型升级程度，我国海洋产业转型升级程度是不断提高的。

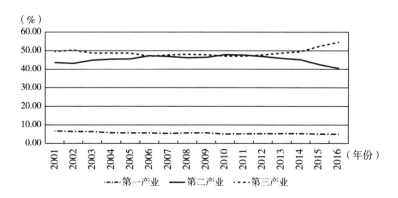

图 5-2 我国海洋第一、第二、第三产业产值比重

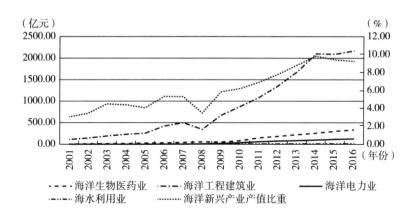

图 5-3 我国海洋新兴产业产值与总产值比重

自北向南，我国共有11个沿海省份发展海洋产业，包括辽宁、河北、天津、山东、江苏、上海、浙江、福建、广东、广西、海南。自中华人民共和国成立以来，沿海各省份的海洋产业都得到了不同程度的发展。这为我们提供了用于研究我国海洋传统优势产业的良好的面板数据，可以研究不同时期不同省份海洋传统优势产业的发展脉络与转型升级的影响因素，并且可以利用面板数据分析方法，控制个体的异质性与时间维度的影响因素，剥离出海洋传统优势产业的影响因素。在此基础上，本书将在五大传统优势产业中，建立如下模型进行分析：

$$trans_{it} = \alpha_{it} + \sum_j \beta_j X_{it} + \theta_i + \theta_t + \mu_{it}$$

其中，$trans_{it}$ 为五大海洋传统优势产业转型升级程度的度量，用来表示 i 省第 t 年海洋渔业转型升级程度；X_{it} 为 i 省第 t 年海洋渔业转型升级的影响因素，基于对海洋传统优势产业的历史演化梳理，本书主要研究政策与科学技术对于海洋传统优势产业的影响；β_j 为影响系数；α_{it}、θ_i、θ_t、μ_{it} 分别是截距项、省份固定效应、时间固定效应和随机扰动项。

5.2 海洋渔业转型升级影响因素实证研究

在海洋渔业转型发展的新时期，海洋捕捞和海水养殖不断向广度和深度发展，远洋渔业项目数量增加。在海洋渔业内部结构方面，海水养殖产量占比首次超过海洋捕捞，并在之后稳步提高。海洋渔业科学技术的进步体现在海洋生物病害和防治水平的提高、海水养殖品种的丰富和海洋机动渔船动能的提高。新时期我国对于海洋渔业资源的保护力度空前，甚至出现保持海洋捕捞产量"负增长"的目标。

本书实证所需数据来源于《中国海洋经济统计年鉴》和《中国渔业统计年鉴》，时间跨度为 1996～2015 年。变量定义与变量描述性统计分别如表 5-1、表 5-2 所示。

表 5 - 1　变量定义

变量	定义
yutrans	海洋渔业转型升级度：沿海地区海水养殖产量/沿海地区海洋捕捞产量
area	沿海地区海水养殖面积
ship	沿海地区渔船吨数
invest	沿海地区海洋固定资产投资
labor	海洋水产社会劳动者
research	海洋科研项目
waste	沿海地区直接入海的工业废水
project	沿海地区污染治理当年安排施工项目（治理固体废物）

表 5 - 2　变量描述性统计

变量	观测值	平均值	标准差	最小值	最大值	单位
yutrans	213	0.89	0.66	0	2.69	—
area	218	152576.8	177887.3	13	942050	公顷
ship	143	706470	650298.2	24696	2964766	吨
invest	149	243335.4	295274.4	295	1416905	万元
labor	87	223479.1	212516.9	0	632849	人
research	218	497.16	523.38	0	22022	项
waste	209	9868.69	14862.14	0	107994.4	万吨
project	200	19.3	21.77	0	130	项

为实证检验海洋渔业转型升级的影响因素，建立如下面板数据回归模型：

$$yutrans_{it} = \alpha_{it} + \sum_j \beta_j X_{it} + \theta_i + \theta_t + \mu_{it}$$

其中，$yutrans_{it}$ 为 i 省第 t 年沿海地区海水养殖产量与沿海地区海洋捕捞产量之比，用来表示 i 省第 t 年海洋渔业转型升级程度；X_{it} 为 i 省第 t 年海洋渔业转型升级的影响因素；β_j 为影响系数；α_{it}、θ_i、θ_t、μ_{it} 分别是截距项、省份固定效应、时间固定效应和随机扰动项。

表 5 - 3 为混合模型回归结果，结果显示，海水养殖面积、渔船吨数、固定资产投资、科研项目和入海工业废水对海洋渔业转型升级具有显著的影响。

表5-3　混合模型回归结果

变量	yutrans				
	模型 I	模型 II	模型 III	模型 IV	模型 V
_cons	0.05***	0.08***	0.07***	0.07***	0.06***
	(0.004)	(0.007)	(0.007)	(0.007)	(0.008)
area	2.6***	2.32***	1.85***	1.69***	1.5***
	(0.18)	(0.21)	(0.31)	(0.30)	(0.29)
ship		-0.16**	-0.2***	-0.25***	-0.29***
		(0.07)	(0.07)	(0.07)	(0.08)
invest			0.50**	0.49**	0.48**
			(0.21)	(0.20)	(0.19)
research				0.1***	0.1***
				(0.01)	(0.01)
waste					8.21***
					(2.5)
adj_R^2	0.49	0.48	0.50	0.55	0.59
F统计值	202.17***	62.82***	38.59***	35.48***	30.64***

注：括号内为t统计值，*、**和***分别表示1%、5%和10%的显著性水平。

海水养殖面积、渔船吨数和固定资产投资属于海洋渔业发展密切相关的因素。其中海水养殖面积对于海洋渔业转型升级具有显著的正向影响，随着海水养殖面积的增加，海水养殖产量与海洋捕捞产量的占比逐渐加大，但渔船的吨数与海洋渔业转型升级度之间存在显著的负相关。这是因为年鉴中统计的海洋渔业大多是捕捞渔船，养殖渔船的占比很小，因此渔船吨数越大，说明捕捞渔船的占比相对越大，其与海洋渔业转型升级度的负相关性也就不难理解了。

除了海洋渔业中养殖面积、渔船和固定资产投资这些直接投资外，海洋渔业转型升级还与科学技术和海水污染有关。从表5-3可以看出，以海洋科研项目数表示的海洋科学技术水平与海洋渔业转型升级度之间存在显著的正相关关系，科学技术与海洋渔业转型的关系不言而喻。如本书在理论部分所阐述的一样，技术升级与扩散可以通过多个途径影响产业的转型升级。其中的传导机制可能有：养殖技术的提高促进了海洋渔业内部从海洋捕捞向海水养殖的转变；远洋渔船和远洋捕捞技术的发展催生出远洋捕捞的发展；渔船机械化水平的提高解放了渔民劳动力，提高了渔业生产技术。

此外，海水污染与海洋渔业转型升级之间显著正相关。沿海地区直接排入海中的废水使海洋捕捞产量逐渐减少，从而人们不得不提高海水养殖的产量。比如 20 世纪 80 年代后，号称全国第一大渔汛的嵊山渔场带鱼汛也出现旺汛不旺的情况，另外小黄鱼汛、大黄鱼汛和墨鱼汛相继消亡。即使在当时作为兼捕对象的鲳鱼、海鳗、马鲛鱼、鳓鱼、三疣梭子蟹和虾等也出现衰退现象，著名的嵊山渔场名存实亡。另外一个渔场，中街山渔场的乌贼汛同样基本消失。我国海洋渔业资源压力和海洋环境保护需求，海洋捕捞业渔汛衰退甚至消亡现象推动了近海捕捞向海水养殖的转变，使海洋捕捞产量的发展目标转变为"零增长"甚至"负增长"。

表 5 - 4 采用固定效应模型对影响海洋渔业转型升级的影响因素进行稳健性检验。首先，依次加入养殖面积、海洋水产社会劳动者、海洋科研项目和污染因素变量，模型回归结果依然稳健。其次，不同省份的养殖面积、海洋水产劳动者等因素不同，可能会影响模型的回归结果，因此本书控制了省份效应，在控制省份效应后，模型各个变量的回归系数依然显著。最后，不同年份的异质性也可能会影响不同变量对于海洋渔业转型升级的影响。因此模型进一步控制了时间效应，在控制了时间的固定效应后，模型各个变量的回归系数依然显著。

本书通过混合效应、省份和时间的固定效应对影响海洋渔业转型升级的影响因素进行实证分析，实证结果表明，影响海水养殖的直接影响因素如海水养殖面积、劳动力和固定投资都对海洋渔业转型升级具有显著的影响。

表5-4 固定效应模型回归结果

变量	yutrans			
	模型 I	模型 II	模型 III	模型 IV
_cons	0.03 ***	0.04 ***	0.02 ***	0.02 **
	(0.007)	(0.005)	(0.007)	(0.007)
area	1.28 ***	0.79 *	1.10 ***	0.83 *
	(0.18)	(0.04)	(0.04)	(0.42)
labor		0.33 **	0.37 **	0.33 **
		(0.15)	(0.14)	(0.14)
research			0.01 ***	0.01 ***
			(0.001)	(0.001)
project				0.01 *
				(0.001)
省份固定	YES	YES	YES	YES
时间固定	YES	YES	YES	YES
R^2	0.73	0.60	0.65	0.68
F 统计值	25.11 ***	11.07 ***	12.12 ***	11.21 ***

注：括号内为 t 统计值，＊、＊＊和＊＊＊分别表示 1%、5% 和 10% 的显著性水平。

2004 年，海水养殖产量占海水产品产量的比重超过 50%，首次超过海洋捕捞占比，之后，此比重稳步提高，海洋渔业转型升级成效显著。在海洋渔业这一转型升级过程中，政策发挥了重要的作用：我国分别于 1997 年和 2007 年颁布了对于海洋渔业转型升级影响深远的政策法规。1997 年，国务院下达了《关于进一步加快渔业发展的意见》，意见指出要实行养殖场地使用权和经营权的租赁、转让、拍卖等制度，逐步完成渔业从传统计划经济体制到社会主义市场经济体制的转变。十年后，《中华人民共和国物权法》明确规定了法律保护使用水域、滩涂进行养殖、捕捞作业的合法权利，首次将渔业养殖权和捕捞权列为用益物权，为水产品生产者依法作业、维护权益提供了法律依据。

与此同时，科学技术同样会促进海洋渔业转型升级，在海水养殖生物病害防治方面：全国各地建立渔业病害防治体系，包括渔业环境监测预报、病害研究检测、渔药生产管理、渔用饲料质量监测和鱼苗检疫等。海水污染如废水和废弃物也进一步促进海洋渔业从海洋捕捞向海水养殖转型。

5.3 海洋盐业转型升级影响因素实证研究

我国海洋盐业转型升级是在政府关于我国盐业转型升级政策引导下，海洋盐业以南北方为界，各自进行海洋盐业产业机构优化和发展模式的转型。在这一过程中，海洋盐业技术的革新及海洋盐业制盐方法的革新提高了海盐制盐效率，甚至一定程度上可以在天气不利的情况下进行海洋盐业的生产。海洋盐业政策和海洋盐业技术共同推动我国海洋盐业向新工艺技术、清洁节能生产转型。本部分实证相关的变量定义与变量描述性统计变量分别如表5-5、表5-6所示。

表5-5　变量定义

变量	定义
yantrans	海洋盐业转型升级度：海洋化工产品产量/沿海地区海盐产量
area	海盐生产面积
capa	海盐生产能力
labor	海洋盐业社会劳动者
research	分地区海洋科研人员（博士与硕士）
waste	沿海地区污染治理当年安排施工项目（治理废水）

表5-6 变量描述性统计

变量	观测值	平均值	标准差	最小值	最大值	单位
yantrans	89	25104.95	38181.03	27.61	174853.7	——
area	204	33928.71	42028.9	0	233213	公顷
capa	204	311.06	606.26	0	3001.7	万吨
labor	121	297.97	205.95	76.5	860.3	人
research	110	644.91	582.45	4	3146	人
waste	200	19.3	21.77	0	130	项

为实证检验海洋盐业转型升级的影响因素，建立如下面板数据回归模型：

$$yantrans_{it} = \alpha_{it} + \sum_{j} \beta_j X_{it} + \theta_i + \theta_t + \mu_{it}$$

其中，$yantrans_{it}$ 为 i 省第 t 年沿海地区海洋化工产品产量与沿海地区海盐产量之比，用来表示 i 省第 t 年海洋盐业转型升级程度；X_{it} 为 i 省第 t 年海洋盐业转型升级的影响因素；β_j 为影响系数；α_{it}、θ_i、θ_t、μ_{it} 分别是截距项、省份固定效应、时间固定效应和随机扰动项。

表5-7为混合模型回归结果，结果显示，在依次加入海洋科研人员、废水污染治理项目、生产面积和劳动力后，模型回归结果依然稳健。这表明，以海洋科研人员表示的科学技术、废水污染治理项目表示的海水资源污染以及海盐生产的要素，如海盐生产面积和海洋盐业社会劳动者对海洋盐业转型升级具有显著影响。

表5-7 混合模型回归结果

变量	yantrans_{it}			
	模型 I	模型 II	模型 III	模型 IV
_cons	10335.14	773.83	11344.5 *	4176.96
	(7045.77)	(8268.04)	(6467.09)	(7000.71)
research	26.20 ***	28.57 ***	40.22 ***	24.79 ***
	(7.73)	(7.64)	(6.04)	(8.89)

续表

变量	yantrans$_{it}$			
	模型 I	模型 II	模型 III	模型 IV
waste		374. 06 **	451. 69 ***	295. 88 **
		(172. 05)	(131. 53)	(144. 36)
area			− 0. 54 ***	− 0. 47 ***
			(0. 07)	(0. 08)
labor				54. 60 **
				(23. 64)
R^2	0. 14	0. 19	0. 53	0. 57
F 统计值	11. 49 ***	8. 39 ***	27. 06 ***	22. 89 ***

注：括号内为 t 统计值，＊、＊＊和＊＊＊分别表示 1% 、5% 和 10% 的显著性水平。

海洋盐业生产面积和海洋盐业社会劳动者对海洋盐业的发展至关重要，需要注意的是，海洋盐业生产面积对海洋盐业转型升级具有显著的负效应。因为海洋盐业的转型升级是以海盐化工产量与海盐产量之比表示的，因此海洋盐业生产面积越多，海盐化工产量越小。

本书关心的是另外两个因素，科学技术和海水资源污染对海洋盐业转型升级的影响。从模型 I 到模型 IV，逐步代入其他控制变量，科学技术与海洋盐业转型升级之间依然具有稳健的正相关，说明科学技术显著提升了海洋盐业转型升级程度。2005 年 11 月国家发改委发布的《全国制盐工业结构调整指导意见》指出，海洋盐业要解决制盐工业长期存在的结构性矛盾问题，促进海洋盐业结构优化和产业升级。具体要求包括：优化海洋盐业产业结构，改进发展模式，注重清洁生产和节能生产；积极推动海洋盐业科技进步，加大技术研发力度，促进行业新工艺、新技术、新设备的产业化进程，推进苦卤综合利用，特别是在海盐化工方面，利用"空气吹出法"提取溴素，实现纯碱—氯碱—化纤—硅业循环产业链成型。

在海水资源污染推动海洋盐业转型升级方面，海水污染特别是海洋废水和海洋废弃物的排放对传统的海盐生产具有显著的负影响。海边盐碱地的扩张影响了传统海盐的生产，从而推动了海盐化工产业的发展，提升了海洋盐业的转型升级。

混合模型的回归结果显示，科学技术、海水资源污染对于海洋盐业转型升级具有显著的影响，随后本部分对影响海洋盐业转型升级的因素进行稳健性检验。如表5－8所示，采用固定效应回归模型，对科学技术、海水资源污染和海盐生产能力等因素进行回归。进一步，不同省份的海盐生产能力、海洋水产劳动者等因素不同，可能会影响模型的回归结果，因此本书控制了省份效应，在控制省份效应后，模型各个变量的回归系数依然显著。此外，不同年份的异质性也可能会影响不同变量对于海洋盐业转型升级的影响。因此模型进一步控制了时间效应，在控制了时间的固定效应后，模型各个变量的回归系数依然显著。

表5－8　固定效应模型回归结果

变量	$yantrans_{it}$			
	模型 I	模型 II	模型 III	模型 IV
_cons	－3685.38 (9359.16)	－18982.7 (11302.25)	－80076.22 *** (27737.86)	－405484.4 *** (75140.53)
research	46.37 *** (13.12)	53.99 *** (13.32)	53.09 *** (12.79)	21.68 * (12.93)
waste		374.65 ** (159.21)	253.71 (160.92)	569.33 *** (154.02)
capa			137.09 ** (57.29)	84.88 * (50.31)
labor				1126.62 *** (246.85)
省份固定	YES	YES	YES	YES
时间固定	YES	YES	YES	YES

变量	$yantrans_{it}$			
	模型 I	模型 II	模型 III	模型 IV
R^2	0.45	0.50	0.55	0.67
F 统计值	4.58***	4.94***	5.39***	8.41***

注:括号内为 t 统计值, *、** 和 *** 分别表示 1%、5% 和 10% 的显著性水平。

综上所述,混合模型和固定效应模型回归结果显示,科学技术和海水资源污染因素对海洋盐业转型升级具有显著的正向影响。海盐生产面积、海盐生产能力、海盐社会劳动者等因素对海洋盐业转型升级的影响各有不同,但三者的影响都是显著的。因此,要促进海洋盐业转型升级,除了海盐生产面积、海盐生产能力、海盐社会劳动者等直接投入要素外,需要着重注意科学技术和海水资源污染的影响。在科学技术方面,特别是盐化工技术,比如"海水、卤水提取硫酸钾 300 吨/年中试""海水提取硝酸钾 200 吨/年中试""新型高效氯化溴 100 吨/年中试技术研究"和"500 吨/年工业级二溴甲烷中试"等,尽快形成纯碱—氯碱—化纤—硅业循环产业链。

此外,在海洋盐业政策方面,市场化改革逐步开展。2014 年后,省级人民政府的盐主管部门接管原由工业和信息化部审批的食盐定点生产企业,鼓励社会资本和民间资本进入盐业市场,加快了盐业的整合步伐。我国将着力解决制盐产期面临工业的结构性矛盾,促进盐业结构优化和产业升级作为首要目标。

5.4　海洋交通运输业转型升级影响因素实证研究

我国海洋交通运输业的转型升级是在政府相关政策的领导下以及相关技

术的指引下促成的，船舶的制造与海洋交通运输业的转型升级密不可分，在船舶制造技术和海洋交通运输业政策的引领下，海洋交通运输业向着运力结构优化、健康发展的方向升级转型。本书就海洋交通运输业的转型升级进行实证研究，由于数据的不完善，因此选取不包括港澳台的 11 个省份 1995 ~ 2015 年海洋交通运输业的数据，数据来源于《中国海洋统计年鉴》。

由于海洋交通运输业的数据并不全面，为求准确反映海洋交通运输业的转型升级问题，本书尽可能地搜集了关于海洋交通运输业的数据。实证所需变量定义如表 5 - 9 所示，变量描述性统计见表 5 - 10，其中需要对被解释变量 ton_con 进行进一步解释。本书用沿海主要港口国际标准集装箱吞吐量的重量与箱数的比重衡量海洋交通运输业的转型升级问题，运载量不光能够体现交通运输的承载力，还能够体现海洋交通运输业的发展以及运输情况。

表 5 - 9　变量定义

变量	定义
yushutrans	沿海主要港口国际标准集装箱吞吐量重量/沿海主要港口国际标准集装箱吞吐量重量箱数，表示单个集装箱的运输能力
gotra_oc	远洋海洋货物运输量
gotur_oc	远洋海洋货物周转量
pas	海洋旅客运输量
cargo_ha	沿海港口货物吞吐量
pas_la	沿海港口旅客吞吐量
research	海洋科研机构从业人员
waste	直排入海工业废水排放总量

表 5 - 10　变量描述性统计

变量	观测值	平均值	标准差	最小值	最大值	单位
yushutrans	218	11. 1003	2. 454905	5. 25	17. 9507	比例
gotra_oc	216	3295. 949	4118. 161	0	18145	万吨

变量	观测值	平均值	标准差	最小值	最大值	单位
gotur_oc	216	2285.238	3513.657	0	16087	亿吨/千米
pas	188	1255.637	5501.923	0	75516	万人
cargo_ha	220	34224.7	33364.45	953	142059	万吨
pas_la	212	705.0821	716.7495	0	2867	万人次
research	218	1679.977	2012.6	0	25646	人
waste	209	9868.691	14862.14	0	107994.4	万吨

为检验海洋交通运输业的转型升级，建立以下面板数据模型：

$$yushutrans_{it} = \alpha_{it} + \sum_j \beta_j X_{it} + \theta_i + \theta_t + \mu_{it}$$

该模型用来考察海洋交通运输业的转型升级，被解释变量为 $yushutrans_{it}$，为沿海主要港口国际标准集装箱吞吐量重量与沿海主要港口国际标准集装箱吞吐量重量箱数之比，用来表示海洋交通运输业的转型升级；X_{it} 为 i 省第 t 年海洋盐业转型升级的影响因素；β_j 为影响系数；α_{it}、θ_i、θ_t、μ_{it} 分别是截距项、省份固定效应、时间固定效应和随机扰动项。由于各个沿海省市的经济基础、海洋经济以及海洋交通运输业的发展阶段有一定差异，海洋交通运输业的产业结构调整的起点应该是有差异的，考虑省际间的这种异质性，在模型中引入个体效应项。根据 F 值检验结果可以确定，模型中的异质性是存在的，因此混合回归模型所得到的参数估计是缺乏统计上的说服力的。确定存在个体效应之后，根据 Hausman 检验的结果，拒绝了随机扰动项与解释变量无关的假设。因此最终选择固定效应的结果，结果如表 5-11 所示。

从表 5-11 的面板估计结果可以看出，远洋海洋货物周转量、沿海港口货物吞吐量、海洋科研机构从业人员、远洋海洋货物运输量、直排入海工业废水排放总量的影响较为显著。其中远洋海洋货物周转量、沿海港口货物吞吐量、海洋科研机构从业人员、直排入海工业废水排放总量的系数显著为正，直排入海工业废水排放总量的系数为正可能是由于环保政策倒逼相关企业升

表5-11　实证结果

变量	yushutrans		
	混合回归	固定效应	随机效应
_cons	12.61103***	8.616003***	9.428878***
	(36.51)	(18.67)	(13.87)
gotra_oc	-0.0000962	-0.0002488*	-0.0002297*
	(-0.87)	(-1.92)	(-1.79)
gotur_oc	0.0001224	0.0003246**	0.0002929**
	(0.97)	(2.19)	(2.00)
pas	-6.70e-07	6.99e-06	7.32e-06
	(-0.02)	(0.32)	(0.33)
cargo_ha	0.0000393***	0.0000286***	0.0000332***
	(5.91)	(4.66)	(5.46)
pas_la	-0.0013126***	0.0004064	0.0001565
	(-4.54)	(1.30)	(0.51)
research	-0.0011977***	0.000507*	0.0001131
	(-5.92)	(1.67)	(0.40)
waste	9.65e-07	0.0000233**	0.0000199*
	(0.09)	(1.99)	(1.70)
F值	10.96	13.42	—

注：括号内为 t、z 统计值，*、**和***分别表示10%、5%和1%的显著性水平。

级，从而促进海洋交通运输业的转型升级；远洋海洋货物运输量的系数显著为负，可能是远洋货物运输"重数量、轻质量"的粗放式增长，使海洋交通运输业的运行效率不高，甚至浪费。除上述解释的海洋资源污染问题之外，科学技术对海洋交通运输业转型升级的影响也是本书关心之处。模型说明科学技术对海洋交通运输业的转型升级有促进作用，表现为技术的升级提升了船舶质量、满足了消费者的需求，从而促进海洋交通运输业向着专业化与经营集约化升级。综上可知，为促进海洋交通运输业的转型升级，需要加强科学技术的发展，增强对海洋资源环境的保护，注重远洋货物及沿海港口的货物运输业的发展。

21 世纪第一个十年后，我国政府出台了一系列关于我国海洋交通运输业转型升级政策，2012~2014 年，我国接连颁布《关于促进我国国际海运业平稳有序发展的通知》《关于促进航运业转型升级健康发展的若干意见》和《关于促进海运业健康发展的若干意见》，提出政府引导、深化改革、优化结构、企业主体等基本原则。

在科学技术方面，集装箱电子信息传输和运作系统推动了海洋交通运输业向标准集装箱运输转变。大型船舶建造技术有效提升了我国海洋交通运输船舶的运力。此外，海上货运溢油事故等环境污染现象的发生也推动了我国海洋交通运输业采取的深化海运体制改革，进一步推动海运企业转型升级，绿色健康发展的模式。

5.5 海洋油气业转型升级影响因素实证研究

我国在提出"油气并举、向气倾斜"的油气勘探方针后，通过国内外公开招标的方式共同开发海洋油气资源，且开发过程中更加注重保护海洋环境，防止环境污染，海洋油气业转型升级逐步进行。

本部分实证所需数据来源于《中国海洋经济统计年鉴》，时间跨度为 1996~2015 年，变量定义与变量描述性统计分别如表 5 – 12、表 5 – 13 所示。

为实证检验海洋油气业转型升级的影响因素，建立如下面板数据回归模型：

$$oiltrans_{it} = \alpha_{it} + \sum_j \beta_j X_{it} + \theta_i + \theta_t + \mu_{it}$$

表 5 - 12　变量定义

变量	定义
oiltrans	海洋油气业转型升级度：海洋天然气产量/海洋原油产量
linetwo	海洋石油勘探地震线二维
linethree	海洋石油勘探地震线三维
oilwell	海洋油田生产井
research	海洋科研机构科研活动人员
institution	海洋科研机构
waste	沿海地区直接入海的工业废水

表 5 - 13　变量描述性统计

变量	观测值	平均值	标准差	最小值	最大值	单位
oiltrans	107	669.9	1316.3	0	6070.9	——
linetwo	94	18850.3	43077.3	0	259188	千米
linethree	57	3066.3	3802.4	0	13455	平方千米
oilwell	133	503.1	810.3	0	4023	口
research	207	1245.5	948.2	0	4820	人
institution	218	11.26	6.27	0	28	个
waste	209	9868.69	14862.14	0	107994.4	万吨

　　其中，$oiltrans_{it}$ 为 i 省第 t 年海洋天然气产量与海洋原油产量之比，用来表示 i 省第 t 年海洋油气业转型升级程度；X_{it} 为 i 省第 t 年海洋油气业转型升级的影响因素；β_j 为影响系数；α_{it}、θ_i、θ_t、μ_{it} 分别是截距项、省份固定效应、时间固定效应和随机扰动项。

　　表 5 - 14 为混合效应模型回归结果，结果显示，在依次加入控制变量后，科学技术对于海洋油气业转型升级的影响依旧显著。随着计算机技术的快速发展，海洋石油地球物理勘探技术取得了显著进步，主要体现在高分辨技术、

处理技术、三维地震勘探技术三个方面。此三个方面的海洋油气业技术显著提升了海洋油气业转型升级程度。此外，海洋油气业的技术还有海底管道外部探测设备及检测方法、渤海油田深部调驱提高采收率技术、海底管道修复技术、钻井中途油气层测试技术、渤海平台抗冰激振动技术、可控三维轨迹钻井技术、海上时移地震油藏监测技术等。

表 5 – 14　混合模型回归结果

变量	oiltrans			
	模型 I	模型 II	模型 III	模型 IV
_cons	– 504.75 **	– 578.63 *	– 489.39	229.42
	(251.48)	(320.25)	(351.66)	(394.57)
research	0.72 ***	0.75 ***	0.90 ***	0.79 ***
	(0.14)	(0.15)	(0.17)	(0.15)
waste		0.01	– 0.02	– 0.01
		(0.001)	(0.07)	(0.008)
linetwo			– 0.007 **	– 0.009 ***
			(0.003)	(0.003)
oilwell				– 0.76 ***
				(0.23)
R^2	0.21	0.22	0.31	0.42
F 统计值	28.23 ***	14.28 ***	12.51 ***	13.41 ***

注：括号内为 t 统计值，＊、＊＊和＊＊＊分别表示1%、5%和10%的显著性水平。

　　在海洋油气业方面，海水资源污染对于海洋油气业转型升级并无显著影响。这也不难理解，海水资源污染，比如工业废水和固体废弃物主要影响的是沿海地区，对海洋油气业并无明显的影响。海洋油气业的开发包括原油和天然气，主要勘探地区远离沿海地区。

　　利用面板固定效应模型对影响海洋油气业转型升级的因素进行稳健性检验，如表5 – 15固定效应模型回归结果所示，科学技术对于海洋油气业转型升级的影响依然显著，科学技术的发展可以显著提高海洋油气业转型升级水平。进一步，不同省份的禀赋不同，可能会影响模型的回归结果，因此本书控制了省份效应，在控制省份效应后，科学技术的回归系数依然显著。此外，不同年份的异质性也可能会影响不同变量对于海洋油气业转型升级的影响。因此模型进一步控制了时间效应，在控制了时间的固定效应后，科学技术的回归系数依然显著。海水资源污染对于海洋油气业转型升级并无影响。

表5－15　固定效应模型回归结果

变量	*oiltrans*			
	模型 I	模型 II	模型 III	模型 IV
_*cons*	－ 1348. 67 **	－ 1225. 57 *	619. 99	648. 91
	（562. 44）	（622. 40）	（821. 88）	（940. 70）
research	1. 24 ***	1. 29 ***	1. 60 ***	1. 63 *
	（0. 27）	（0. 29）	（0. 29）	（0. 37）
waste		－ 0. 012	－ 0. 02	－ 0. 02
		（0. 013）	（0. 01）	（0. 012）
institution			－ 191. 49 ***	－ 193. 63 ***
			（59. 85）	（61. 19）
oilwell				0. 04
				（0. 22）
省份固定	YES	YES	YES	YES
时间固定	YES	YES	YES	YES
R^2	0. 36	0. 38	0. 48	0. 46
F 统计值	2. 3 ***	2. 27 ***	2. 95 ***	2. 73 ***

注：括号内为 t 统计值，＊、＊＊和＊＊＊分别表示1%、5%和10%的显著性水平。

在海洋油气业政策方面，2014年6月举行的中央财经领导小组第六次会议商讨了我国能源安全战略，指出建立多元的能源供给结构，以发展可再生能源为重心，注重环境保护，加大研发投入力度，促进技术创新、推动产业升级。在全国海洋经济发展"十三五"规划期间（2015～2020年），国家发改委联合原国家海洋局将海洋油气业列为需要进行改革升级的传统海洋产业，指出应按照实际情况建立相应的海上油气开发协调机制，加大开发海上稠油低渗油层技术的研发力度，鼓励勘探开发深海油气，鼓励引进社会资本，加入海上油气资源勘探开发。与此同时，在海洋油气业科学技术方面，2014年我国成功破解移动式平台作业风险控制、致密砂岩油气藏水平井固井等重大海洋油气技术，技术发展进展显著。2014年7月我国海上第一口液控测调一体化五段分注井成功建成投产。

综上所述，在影响海洋油气业转型升级的因素中，加强海洋油气业政策和提升科学技术水平可以显著提升海洋油气业转型升级程度，沿海地区海水资源污染对于海洋油气业转型升级并无影响。

5.6 海洋船舶工业转型升级影响因素实证研究

我国海洋船舶工业的转型升级是在船舶制造技术与政府制定的政策的引领下进行的。我国陆续成立了船舶标准化部门、船舶机械研究院以及船舶公司，对海洋船舶制造业的转型升级进行了规划与引导，使之向"海洋开发设备明显改善""海洋保障能力显著提升"的方向发展。

由于关于海洋船舶工业的数据并不完善，为了可以准确反映海洋船舶工业的转型升级情况，本书对海洋船舶工业的数据进行了较为详尽的搜索。实证相关变量定义如表5-16所示，变量描述性统计见表5-17，其中需要对被解释变量 ship_r 进行进一步解释。本书用造船完工量的船数与远洋运输船和沿海运输船数量之和的比重来衡量海洋船舶工业的转型升级问题，主要从国家自主制造船舶的角度出发来体现海洋船舶业的转型升级。

表5-16 变量定义

变量	定义
shiptrans	造船完工量的船数与远洋运输船和沿海运输船数量之和的比重，用来表示当年造船数量占总船数的比重
research	海洋科研机构从业人员
waste	沿海地区污染治理当年安排施工项目——治理废水
building_t	造船完工量吨数
repair	沿海造船工业修船完工量

表5-17 变量描述性统计

变量	观测值	平均值	标准差	最小值	最大值	单位
shiptrans	98	0.391823	0.893681	0	5.25	比例
research	218	1679.977	2012.6	0	25646	人
waste	208	208.75	245.7562	0	1611	个
building_t	207	230.5756	428.5355	0	2703	万综合吨
repair	208	1577.505	2952.812	0	17897	艘

为检验海洋船舶工业的转型升级，建立以下面板数据模型：

$$shiptrans_{it} = \alpha_{it} + \sum_j \beta_j X_{it} + \theta_i + \theta_t + \mu_{it}$$

该模型用来考察海洋船舶工业的转型升级，被解释变量为 $shiptrans_{it}$ 为造船完工量的船数与远洋运输船和沿海运输船数量之和的比重，用来表示海洋交通运输业的转型升级；X_{it} 为 i 省第 t 年海洋盐业转型升级的影响因素；β_j 为影响系数；α_{it}、θ_i、θ_t、μ_{it} 分别为截距项、省份固定效应、时间固定效应和随机扰动项。由于各个沿海省份的经济基础、海洋经济以及海洋船舶工业的发展阶段有一定差异，因此其海洋船舶工业的产业结构调整的起点应该是有差异的，为考虑省际间的这种异质性，在模型中引入个体效应项；同时考虑到不同时期这种作用机制可能也会有差异，本书引入了时间效应。表5-18中给出了三类模型（混合回归、固定效应、随机效应）的估计结果，对比后选择固定效应的结果。

表5-18 实证结果

变量	*ship_r*		
	混合回归	固定效应	随机效应
_cons	-0.1634449	-2.93651 ***	-0.3174418
	(-1.02)	(-6.07)	(-1.40)
research	0.0004736 ***	0.0024463 ***	0.00058 ***
	(4.94)	(7.08)	(4.23)
waste	-0.0005142	-0.000124	-0.0003138
	(-1.65)	(-0.45)	(-1.01)
building_t	-0.0008842	-0.0017282 ***	-0.0013092 **
	(-1.57)	(-3.94)	(-2.53)
repair	0.0000628 ***	0.0001009 ***	0.0000626 ***
	(2.75)	(4.34)	(2.61)
F 值	10.35	18.13 ***	—

注：括号内为 t、z 统计值，*、** 和 *** 分别表示10%、5%和1%的显著性水平。

从表5-18的回归结果可以看出，海洋科研机构从业人员与沿海造船工业修船完工量的影响显著为正，而与造船完工量的吨数影响显著为负，当年治理废水项目数量对海洋船舶工业的影响并不显著。海洋科研机构从业人员的数量在一定程度上表明了海洋科学技术的发展程度，科学技术对海洋船舶工业的转型升级影响显著为正，说明其能推动海洋船舶工业的转型升级；当年治理废水项目代表了海水资源污染，实证结果表明它对海洋船舶工业的影响并不显著，原因是海洋船舶工业的发展并不依赖于海水资源；造船完工量的吨数对海洋船舶工业的影响为负可能是由于海洋船舶工业粗放式地增长，过于追求重量而未考虑消费者的需求以及现实发展要求；沿海造船工业修船完工量对海洋船舶工业的影响显著为正，沿海造船工业修船完工量在一定程度上能体现船舶工业技术的进步以及船舶工业的发展，从而能够推动其产业结构的转型升级。综上可知，海洋科学技术的发展以及船舶的修造对海洋船舶工业的转型升级有推动作用，发展海洋船舶工业并不代表要一味地增加船舶的重量，更要注重满足消费者的需求，使海洋船舶工业向着创新发展能力明显增强、产业发展质量不断提高的方向发展。在海洋造船业科学技术方面，可以着重说明的进步有：

2010 年，"蛟龙"号海上顺利试用并获得预期效果，这是我国首台完全凭借自身能力设计、生产的载人潜水器；2014 年在码头成功试验我国自行设计、生产的并达到最新环保标准的第一艘 8.3 万立方米超大型液化石油气运输船；国产的 18000TEU 超大型集装箱船、世界上最大的能够装载不同车型的 8500 车滚装船出坞投入使用，可见我国在以液化天然气为动力的节能船舶、超大型集装箱船、"开上开下"船等船型的研发水平方面取得了显著进步。在海洋工程装备研发与建造方面，"海洋石油 640"——我国第一艘 8000马力油田增产作业支持船完工，我国自行设计、制造的自升式钻井平台——"爪哇之星 2 号"投入使用等。

海洋船舶工业政策更是直接推动海洋船舶工业的转型升级。2009 年我国发布了《船舶工业调整和振兴规划》，其主要内容是：控制供给量，要求船舶生产企业停止扩建或新建船台、船坞；增强自主研发力度，提高技术水平，进一步改良集装箱船、油船、散货船。为加快我国船舶工业优化进程，国务院于 2013 年印发《船舶工业加快结构调整促进转型升级实施方案（2013 - 2015 年)》，指出需以满足顾客的需求为目标，重新调配船舶工业产品种类，提升船舶产品质量；推动科学技术进步，尤其是提高特殊船用设备、材料方面的技术水平。

综上所述，在海洋船舶工业转型升级过程中，支持海洋船舶工业转型升级的政策和海洋船舶工业方面的科学技术进步给予海洋船舶工业巨大的转型升级的动力。

5.7　本章小结

本章通过对各海洋传统优势产业转型升级过程中因素与转型成效的回归分析发现，科技创新与制度环境成为转型升级主要影响因素，同时各产业中还存在数量众多的中介影响因素，进一步对影响因素的作用机制进行分析，能够厘清海洋传统优势产业转型升级的内在规律，并为政策的制定与实施提供有效支撑。

6 海洋传统优势产业转型升级影响因素作用机制

在技术与制度等因素对海洋产业转型升级影响的分析中发现，影响因素对不同方面的影响存在较大差异，涉海企业的资本、劳动力或其他经济要素在转型升级的过程中面临的阻尼将随着制度与技术的差异产生变化，在要素流动变化的影响下区域间海洋产业转型升级活动也随之变化。为了研究影响因素对海洋产业转型升级的影响，可以结合海洋产业转型升级影响因素分析结论，从价值链的形成机理角度研究海洋产业间的知识创新与全要素生产选择行为，分析影响因素变化后，对原有生产均衡的影响，基于价值链的两种路径分析政策与技术两类影响因素对海洋产业转型升级的影响机理。

6.1 海洋产业转型升级的参与主体特征

海洋传统优势产业转型升级分为三个层次的过程：第一个层次为涉海企业内部的破与立，即转型升级发生在涉海企业内部，通过价值链重构，使单个涉海企业实现转型升级[115]；第二个层次为海洋产业内部的破与立，即转型升级发生在海洋产业内部的涉海企业之间，原有的涉海企业消亡，释放资源由本产业领域中新型涉海企业吸收兼并，实现海洋产业的转型升级[116]；第三个层次为跨产业的转型升级，原有海洋产业中的涉海企业与要素在转型升级过程中组织解体转移到新的海洋产业当中，进入新产业的涉海企业或形成新涉海企业[117]。海洋产业转型升级在宏观层面是指产业结构优化，在微观层面是指涉海企业的转型。在不同层次中，海洋产业转型升级的实际互动主体存在差异，在海洋产业转型升级的微观层面，决定涉海企业参与转型升级的主体是涉海企业内部部门之间的互动[118]，在海洋产业内转型升级角度下，参与互动的是同一海洋产业内的涉海企业，涉海企业之间存在相似性，在国家视角下，参与海洋产业间转型升级互动的企业是不同海洋产业内的涉海企业，涉海企业之间可能存在较大差异。在三个不同层次下，涉海企业都为海洋产业转型升级的主要参与者[119]，区别在于涉海企业的互动特征，因此在本书中，设定涉海企业或厂商作为博弈分析的对象，解析海洋产业转型升级的实现过程。

6.1.1　海洋产业转型升级过程的参与主体特征集合

海洋产业转型升级过程是一个包括价值创造、价值传播与价值实现三部分的社会经济系统的子系统，系统中的主体同时具有时间与空间属性，演化沿着时间轴的变化在空间中表现出来。全球价值链（GVCs）是指为实现商品或服务价值而连接生产、销售、回收处理等过程的全球性涉海企业网络组织，涉及从原料采购和运输，半成品、成品的生产和分销，直至最终消费和回收处理的整个过程[120]，包括所有参与者和生产销售等活动的组织及其价值、利润分配，当前散布于全球的处于价值链上的涉海企业，进行着从设计、产品开发、生产制造、营销、交货、消费、售后服务到最后循环利用等各种增值活动（见图6-1）。在简化的全球价值链的假设中，全球价值链的环节简化为设计、开发、组装生产、服务、销售五大环节，不同环节中的涉海企业具有不同的特征。

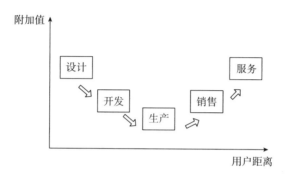

图6-1 全球海洋产业链各环节与附加值特征

处于全球海洋产业链中不同位置的涉海企业在产品附加值、技术储备、行业风险、用户距离、劳动力需求、资本需求六个方面均有所差异。具体来讲，处于设计环节的涉海企业在整个链条的初始位置，是全球海洋产业分工的重要发起方，相应的附加值就较高，技术储备也较高。我国海洋传统优势产业在全球分工中大多情况下处于生产环节，附加值较低，同时需要的技术储备等也较少。通过已有研究，各个环节上涉海企业的特征描述如表6-1所示。

表6-1 各环节特征

环节	设计	开发	生产	销售	服务
附加值	高	较高	低	较高	高
技术水平	高	高	低	较高	较高
行业风险	较高	高	高	低	低
用户距离	远	远	高	近	近
劳动力需求	技术密集	技术密集	劳动密集	技术密集	技术密集
资本需求	较高	高	高	低	低

海洋产业中涉海企业的分工一方面可以表现为全球价值链上位置的差异，也可以表现为创新价值链上位置的不同，在创新价值链的不同位置，其相应的附加值、技术储备、行业风险、用户距离、劳动力需求、资本需求等特征也各不相同，按照创新价值链的分类方式，创新价值链可以分为知识产出、知识传播与知识应用三大环节，涉海企业生产与创新行为实际上是所处创新价值链位置的不同，涉海企业参与海洋产业转型升级实际上是创新选择活动的差异。海洋产业转型升级可以抽象成为涉海企业或厂商的知识利用行为，影响要素的变化导致了涉海企业参与转型升级活动，在后文中将这种影响因素的变化称之为升级激励。

6.1.2 海洋产业主体间互动关系复杂性

全球价值链（GVCs）在海洋产业国际分工的演化过程中发挥了重要作用，各经济体依靠劳动力、资源禀赋、技术含量和充裕资本等比较优势参与GVCs分工，嵌入价值链的不同环节，将所有经济体的嵌入位置连接起来，形成产品生产序列[121]。投入要素的稀缺程度不同，使各嵌入位置的附加值大小和关键程度存在差异，所以嵌入位置与GVCs分工地位相结合可以确定价值链的主导环节[122]。从发展实践角度看，后发现代型国家依赖于自己所拥有的劳动力或各种自然资源所体现出的低级要素禀赋比较优势，以代工者的身份参与到全球价值链中的低端制造性环节，而发达国家凭借自己在技术创新能力和人力资本积累方面的领先优势，发展出高级要素禀赋比较优势，从而以主导者身份占据且控制着全球价值链中的核心技术研发、品牌或销售终端等高端环节。参与全球价值链的各方都会获得相应的收益，在各个海洋传统优势产业中，由于各国参与国际分工的程度存在差异，本书在研究过程中主要分析参与国际化竞争较多的部分，将不同海洋产业间各类企业的共性特征进行归纳分析。

海洋传统优势产业转型升级的过程实质上是原有海洋产业内的企业在一定的外部激励下，为了获得长期利润或提高短期利润改变其价值链所在位置的行为。企业实现价值链位置改变的方式主要有两种：一种是在原有链条中通过技术、劳动力等升级进入到附加值更高的环节中；另一种是通过市场与产品的切换，进入到新的价值链条中。GVCs 框架下的海洋产业升级包括四个阶段：工艺升级、产品升级、功能升级和链条升级，分别作用于分工环节、单个产品、部门内层次和部门间层次。

在转型升级过程中，需要将复杂的知识创新与应用的过程进行简化假设，使得研究能够在简单的量化基础上进行推演，本书中的知识创新与应用竞争模型基于完全竞争市场结构的假设。

关于在 GVCs 中升级方向的选择，由于测度指标的差异大致可以分为两类。一类文献基于 Koopman 提出的价值链位置指数（GVCs – Position）[123 – 124]。另一类文献则以 Antras 设计的上游度指数（Upstreamness）为基础[125]。通过观察产品如何在全球产销体系中提升竞争地位的过程，以生产者驱动（producer – driven）和购买者驱动（buyer – driven）的模式来探究产业在结构中的状态；此外，"微笑曲线"也是作为广泛应用的价值分配模型[126]。

生产者驱动链指的是大型制造商经由向前向后生产过程的连接，以及由标准化相关产业的内容提供、分配、服务来控制整个生产系统[127]，生产者驱动链的利润是来自规模、数量与技术利益，而购买者驱动链的主动权则操之于大型零售商、贸易公司与品牌公司，在有名的品牌与广大通路的有力引导下，大买家利用设计与管理分散的国际生产网络（特别是第三世界）来指定生产的项目，其利润来自高价值研究、设计、销售、营销与金融服务的独特组合，使零售商、品牌营销商与品牌制造者在海外工厂与主要消费市场的产品利基间的联结做出策略的行动。本书基于二元驱动模型，分析两种转型升级过程中，参与涉海企业间投资与生产行为的博弈。

6.1.2.1 收益分析

海洋传统优势产业由多种类别产业构成，包括了第一产业的海洋渔业、第二产业的海洋盐业、海洋油气、海洋船舶与第三产业的交通运输，而且在当前产业间互动关系逐渐复杂、涉海企业间产品与服务流动也差异显著的条件下，分析海洋传统优势产业的共性特征可以发现，海洋传统优势产业在发展过程中都显著依赖于劳动力、技术、资本、海洋环境四个方面的要素资源影响。海洋传统优势产业中的涉海企业在运营过程中，由于市场等外部环境的变化，原有的利润产生链条发生变化，涉海企业所在的GVCs环节无法提供原有的价值分配，涉海企业在此情况下选择转型升级。

在转型升级之后，不同的转型升级路径将导致涉海企业将获得不同的收益。如图6-2所示，从生产函数角度分析，生产规模扩大、生产效率提高、产品单位价值提高都将增加涉海企业的收益，在海洋传统优势产业的生产者驱动型价值链中，涉海企业在原有价值链内实现转型升级的收益主要来自于

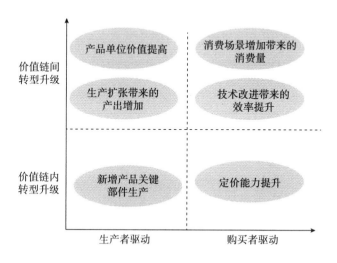

图6-2 不同路径转型升级带来的新增收益

新增产品关键部件生产带来的利润增加，当涉海企业通过迁移价值链实现转型升级时，收益主要来自生产扩张带来的产出增加与产品单位价值提高。在海洋传统优势产业的购买者驱动型价值链中，涉海企业在原有价值链内实现转型升级的收益主要来自于接近市场带来的定价能力提升，增加了单位产品利润，当涉海企业通过迁移价值链实现转型升级时，收益主要来自于技术改进带来的效率提升与消费场景增加带来的消费量增加。

总的来看，产业转型升级都改变了原有的生产函数，导致了涉海企业利润的变化。另外，海洋产业转型升级在提高技术、增加资本投入的同时，在环境方面，由于各转型升级路径都将进入新生产领域或换用清洁生产方式，降低了对海洋环境的破坏，海洋产业转型升级还获得环境收益，在环境政策不变的情况下，实际上是降低了涉海企业的远期风险，可以通过长期风险折现的方式得出海洋产业转型升级的环境收益。

6.1.2.2 成本分析

海洋产业在转型升级过程中一般情况下需要涉海企业投入更多的资本与劳动力等要素，其构成了海洋产业的转型升级成本。在全球价值链中，涉海企业为转型升级投入的成本一部分变为沉没成本，即成本投入后无法直接转化为产出，也无法收回。海洋产业演化理论基于异质性涉海企业的局部均衡模型，证明了沉没成本与市场结构之间的作用机制，通过边际成本或生产率来刻画涉海企业的异质性，以涉海企业的自由进入/退出来定义市场均衡条件，其中沉没成本指潜在进入者为进入市场获得生产技术而付出的投资，这样的投资在涉海企业退出时是无法收回的，是一种沉没性市场进入成本。

Hopenhayn发现沉没成本的变化给企业的进入/退出带来两方面的影响：价格效应和选择效应，而整个海洋产业内厂商数量或市场结构取决于这两种效应的净效应[128]。在海洋传统优势产业中，海洋产业转型升级的成本构成同样可以根据转型升级路径的差异进行划分，在生产者驱动价值链中企业进行价值链内转型升级时，其为了提高生产效率，需要在技术研发中投入更多资本与劳动力，为了进入更多的价值环节，需要进行新产品的研发投入新增成本，企业进行价值链间转型升级时，为了进入新价值链，需要放弃原链条中的产品市场与生产设施，并投入资本、技术更新生产流程。在购买者驱动价值链中，企业进行价值链内转型升级时，企业需要扩大生产网络，相应地管理成本会提高，同时风险增加，需要企业提高风险成本，企业进行价值链间转型升级时，需要增加市场营销与设计成本，同时损失短期的生产收益，转换链条后部分生产能力实效增加了设施折旧成本。

6.1.2.3 互动关系

后发现代型区域海洋产业在转型升级过程中，处于价值链低价值环节的涉海企业寻求转型升级不是独立发生的，其必然发生于同类涉海企业的竞争，以及与价值链控制企业的博弈。海洋产业主体在进行原有价值链内转型升级的过程中，其主要的竞争对手是同类海洋产业主体，在生产过程中，落后地区海洋产业主体通过进入价值链，获得了相应生产技术，但是在进入新的价值环节时，由于其需要与原有环节中的海洋产业主体竞争，其技术或知识需要通过资本等要素资源投入获得，无法通过知识溢出方式无偿获得，当海洋产业技术壁垒高时，落后地区海洋产业主体进入新环节需要投入大量要素，同时由于收益不足，导致海洋产业主体转型动力不足，长期处于价值链低端环节，而外部性转型升级激励通过改变海洋产业主体原有的转型升级收益或成本，促使海洋产业主体进行转型升级。

海洋传统优势产业生产过程复杂，为了在一个统一的维度上分析其博弈关系，可以将厂商生产过程分为高增值生产与低增值生产两种模式，高增值生产包括了高附加值、低环境污染、集约型生产三种形态，与之相对的是低增值生产，包括低附加值、高环境污染、粗放型生产，在同一个海洋产业主体内都同时具有这两个模式，海洋产业主体在决策过程中可以在两种模式之间进行选择决策。在价值链分析中，同一个价值链中的海洋产业主体由于所处位置不同，其在生产过程中高增值部分与低增值部分之间的比例存在差异，处于价值链高端的海洋产业主体高增值生产活动比例较高，而处于价值链低端的海洋产业主体低增值生产比例较高。

不同地区涉海企业间在同一价值链中进行分工是以地区间生产要素价格存在差异为前置条件下形成的，在生产过程中投入要素包括了劳动力、资本、环境、技术等，在发展初期领先涉海企业内部同时拥有高增值部分与低增值部分，由于后发型区域中涉海企业的进入，部分涉海企业将低增值部分转移到后发型涉海企业中，通过贸易代替内部生产，在领先型涉海企业的竞争中，实现价值链分工的涉海企业由于获得了较高的利润，可以对其高增值生产过程进行持续增加投入，建立竞争优势，获得较大的市场，因而不断有涉海企业进入全球价值链分工。在后发型区域中，涉海企业通过使用较低的要素成本开展低增加值生产活动，后发型涉海企业通过加入全球价值链，无偿获得链条中其他涉海企业的知识溢出效应，实现生产效率的提升，并通过价值链进入到更大的产品市场中实现更大规模的销售，在区域内部竞争中优于未加入全球价值链的涉海企业。如图6-3所示，在价值链形成的过程中，主要存在四类主体，分别为链内领先涉海企业、链外领先涉海企业、链内后发涉海企业、链外后发涉海企业，领先涉海企业间的竞争关系主要发生在产品市场中，后发涉海企业间的竞争主要发生在生产要素市场，而价值链上领先涉海企业与后发涉海企业间的竞争与合作则主要通过技术池与中间品市场实现。

在价值链分工中，海洋产业主体可以对内部高增值生产与低增值生产的投入进行分配，全球价值链中的供需均衡主要是领先海洋产业主体不会增加低增值生产，而后发海洋产业主体不会开展高增值生产，两类海洋产业主体

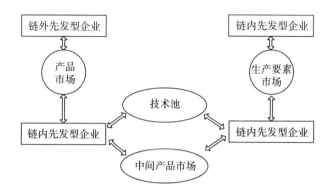

图 6 - 3   价值链分工过程互动特征

在各自生产环节持续扩大规模，实现利润最大化。在领先型区域中不同海洋产业主体的竞争压力下，链内领先型海洋产业主体需要将生产要素主要用于高增值生产，将低增值生产过程转移到后发海洋产业主体中，以实现较低的产品价格与较大的生产规模。在链内的海洋产业主体互动中，后发型海洋产业主体对高、低增值生产的分配依赖于领先型海洋产业主体对技术池与中间品市场的策略，领先型海洋产业主体通过技术创新、品牌建设等活动，不断向技术池输入新技术、最大化中间产品需求，使后发型海洋产业主体在内部进行高增值生产时收益不足，同时需求量的增加使低增值生产的产能处于规模效应递增区间中，后发型海洋产业主体为了获得生产要素市场的竞争优势只能选择扩大低增值生产，价值链中的海洋产业主体在生产模式选择中实现均衡。由此可见，价值链中领先型与后发型海洋产业主体间的均衡是以领先型市场中产品价格、产品需求规模、后发型区域生产要素价格为外部性条件的，在条件不变的情况下，链条上海洋产业主体在生产模式选择上维持稳定。但是最终产品的价格、需求量与后发型海洋产业主体的生产要素价格不是固定不变的，后发型海洋产业转型升级过程实际上是在一些外部要素直接或间接影响了上述三个变量后，后发型海洋产业主体在与领先型海洋产业主体博弈过程中，选择生产模式时打破原有的低增值生产模式，选择高增值生产模式从而实现转型升级的过程。

6.2 不同路径下海洋传统优势产业转型升级影响因素的作用机理解析

6.2.1 基本假设

通过分析海洋传统优势产业可以发现，第一产业的海洋渔业，第二产业的海洋油气业、海洋船舶业与海洋盐业，第三产业的海洋交通运输业，其生产过程存在显著差异，在形成价值链的过程中参与的产业主体其高增加值生产与低增加值生产的形态不同，海洋渔业与海洋盐业是显著依赖于自然资源条件的产业，其价值链较短。海洋油气业、海洋船舶业涉及海洋装备等多个产业的产品输入，其价值链开放性程度较高，而海洋交通运输业是海洋船舶业的下游产业之一，其产业主体与海洋船舶业中的产业主体往往处于同一条价值链中，在研究海洋传统优势产业转型升级的过程中，可以根据对海洋要素的依赖性差异将海洋传统优势产业进行分类。海洋产业对海洋条件都是存在依赖的，不同产业对海洋的依赖条件不同，海洋渔业、海洋盐业、海洋油气业都是直接依赖于海洋的资源条件，其产业生产过程以海洋资源为起点，而海洋船舶业、海洋交通运输业则是显著依赖于港口、航线等海洋地理条件，其价值源头在于人类生产活动，根据生产过程中产业与海洋资源的关系，海洋传统优势产业可以分为海洋资源利用型产业与海洋地理依赖型产业。

6.2.1.1 生产过程假设

在海洋传统优势产业分析中，由于生产过程中海洋资源在生产函数中的变量存在差异，描述海洋产业生产过程时需要根据海洋资源依赖关系分为两类，在海洋资源利用型产业的生产过程中，海洋资源作为重要生产要素在生产函数中是投入要素的一部分，海洋地理依赖型产业中海洋资源是产业发展的约束条件，是生产系数的一部分，这两种生产过程需要建立两个分析模型。这两种生产过程对海洋资源的依赖方式，也直接导致了产业中高增加值生产与低增加值生产出现在价值链条中的不同位置。分析生产过程的投入与产出要素，可以发现海洋资源利用产业中低增加值生产部门的投入要素为低技术密度劳动力、海洋资源、资本、技术，产出要素为中间品，高增加值生产部门的投入要素为高技术密度劳动力、资本、技术，产出为消费品与无形资产（包括技术、品牌等），在 D'Aspremont 和 Jacquemin 模型中，将技术创新作为独立的生产过程[129]，在本书中由于海洋产业的高增加值过程中技术创新或知识产出不是唯一方式，市场创新、品牌建设等都在分析的范畴内，为了分析的简洁性，研究中假设无形资产仅包括技术与品牌两类，而低增加值生产过程不产生无形资产，高增加值生产过程分为无形资产生产与产品生产两个过程，产品生产以无形资产生产过程为前置环节。海洋传统优势产业的转型升级过程主要是从生产过程角度分析，即海洋产业主体生产从低增加值生产转向高增加值生产的过程。

海洋产业中产业转型升级过程是建立新博弈均衡的过程，需要描述价值链原有均衡与外部环境条件变化后的新均衡，价值链上领先型海洋产业主体与后发型海洋产业主体通过公共技术池与中间产品市场进行相互影响，其过程可以通过一个两阶段双寡头博弈模型描述。在海洋资源利用型产业价值链中，同时存在领先型海洋产业主体与后发型海洋产业主体，它们分别进行高增加值生产与低增加值生产，从生产过程角度分析，低增加值生产主要投入要素与产出要素分别是低技术密度劳动力、海洋资源、资本、技术与中间品，其表达为生产函数为：

$$H = \alpha_h L_M \cdot R \cdot K_p$$

其中，H 为中间品产出，L_M 为低技术劳动力，R 为海洋资源消耗量，K_p 为海洋产业链公共技术，α_h 为生产效率特性常数。后发型海洋产业主体在进行低增加值生产的过程中也可以进行高增加值生产，生产过程同时产生有形产品与无形资产，两个产出在同一过程中产生，其生产函数如下：

$$Y = \alpha_y H_y \cdot L_{A_1} \cdot U$$

$$U = \alpha_u L_{A_2} \cdot K_s$$

其中，Y 为有形产品，在无形资产增值过程中；U 为技术、品牌等无形产出；L_A 为用于无形产出与产品产出的高技术劳动力投入；H_y 为高增加值生产消耗的中间品；K_s 为私有技术，属于海洋产业主体的初始特征。后发海洋产业主体在进行低增加值生产过程中，其海洋产业链公共技术全部来源于领先型海洋产业主体提供的公共技术池，海洋产业主体在生产过程中无须为技术提供付费，后发型海洋产业主体的利润由中间品与最终消费品总产量减去成本获得，因此相应的后发型海洋产业主体的利润为：

$$P = \gamma_h (H - H_y) + \gamma_y Y - \gamma_m L_M - \gamma_a L_A - \gamma_r R$$

其中，P 为预期利润，γ_h 为中间品单位价格，γ_y 为最终消费品单位价格，γ_m 为低技术劳动力单位薪资，γ_a 为高技术劳动力单位薪资，L_A 为高技术劳动力投入量，γ_r 为海洋资源消耗单位成本，其受环境政策等外部条件影响。

由于领先型海洋产业主体可以在全世界范围内寻找中间品生产者，在最终品市场竞争环境没有显著变化的情况下，其策略组合中没有低增加值生产的部分，仅有高增加值生产，其生产函数为：

$$u = \lambda_u l_{A_2} \cdot k_s$$

$$y = \lambda_y h_y \cdot l_{A_1} \cdot u$$

其中，u 为技术、品牌等无形产出；l_{A_2} 为投入高技术劳动力总数；h_y 为高增加值生产消耗的中间品；k_s 为私有技术，属于海洋产业主体的初始特征；l_{A_1} 为无形资产高技术劳动力投入。相应地，其利润可以表达为：

$$p = \gamma_y y - \gamma_h h_y - \gamma_g l_A$$

其中，p 为海洋产业主体利润；l_A 为投入劳动力总数；γ_g 为领先型海洋产业主体高技术劳动力单位薪资。通过分析利润构成可以发现，领先型海洋产业主体可以调节技术开发与产品生产的比例，使其对公共技术池与中间品市场的影响发生变化，进而公共技术池存量与中间品价格发生变化，领先型海洋产业主体在进行高增加值生产时，其无形产出 u 由于价值链合作关系将对链条中海洋产业主体产生知识溢出作用，对公共技术池产生影响，两者之间存在相互关系，无形产出将会部分转化为公共技术，使后发型海洋产业主体在原有可用技术 K_0 基础上获得相应的增加，即：

$$K_p = \delta u + K_0$$

在总投入 c、l_A 不变的前提下，领先型海洋产业主体可以通过合理设置中间品价格 γ_h 与 l_{A_u} 以实现利润最大化。

6.2.1.2 劳动力与环境变量假设

本书将体力劳动者、脑力劳动者等各种形式的劳动者提供的劳动通称为劳动力，受教育水平、年龄、经验等存在差异的劳动者个体所提供的劳动力数量不同，厂商投入生产的劳动力数量为劳动者数量与其劳动能力的加权和，是广义的劳动力，是综合人力资源的一种数量化表达，由于在一个区域中劳动力的技术水平短时间内变化不显著，假设单位劳动力价格 γ_g、γ_m、γ_a 为常数。

对技术的假设，在公共技术池的假设中，假定海洋产业主体间的公共技术存量的增加为领先型海洋产业主体的知识创新结果，知识存量既包含显性知识也包含隐性知识，因此领先型海洋产业主体知识的外部转化率 δ，是一个常量，并不随时间发生变化。

6.2.1.3 初始条件假设

领先型海洋产业主体与后发型海洋产业主体在进行生产决策的过程中，其总投入依赖于其初始条件，其劳动力总投入 L_A、l_A 都受限于生产初始状态的总成本，海洋产业主体在进行决策时其投入的初始总成本为常量，保持不变。各类投入要素的价格是所在区域市场形成的，海洋产业主体对该价格影响较小，在分析过程中认为价格对于海洋产业主体为常量，不随海洋产业主体行为变化而变化。不同类别海洋产业主体的行为决策空间主要体现在不同类别生产投入要素的比例，海洋产业主体在环境变量稳定的情况下进行生产行为选择。

6.2.2 海洋传统优势产业的价值链互动与均衡

由前文假设可以获得海洋资源利用型海洋产业在价值链中领先型海洋产业主体与后发型海洋产业主体进行生产活动的利润函数，其初始条件下总投入分别为 w、W，即：

$$w = \gamma_h h_y + \gamma_g l_A$$

$$W = \gamma_m L_M + \gamma_a L_A + \gamma_r R$$

在环境变量维持稳定的情况下，海洋产业主体可以选择生产行为，使各自获得的利润最大化，其可以表达为：

$$\max p = \gamma_y y - w$$

$$\max P = \gamma_h (H - H_y) + \gamma_y Y - W$$

在生产过程中，假设资产性投入与劳动力投入为固定比例，领先型海洋产业主体在技术创新中投入的劳动力为 $x l_A$，相应地，在产品生产、销售中投入的劳动力为 $(1 - x) l_A$，在领先型海洋产业主体在进行高增加值生产过程中，中间品投入量 h_y 与劳动力投入量 $x l_A$ 存在正相关关系，即 $h_y = \theta x l_A$，θ 为高附加值生产中间品需求弹性。由于海洋产业的中间产品往往具有多用途的属性，领先型海洋产业主体的中间产品需求量与后发型海洋产业主体中间产品的供给量并不是直接相等，在后发型海洋产业主体供给量大于领先型海洋产业主体需求量 $(H - H_y) > h_y$ 时，中间产品价格下降，相反则中间产品价格上升，其关系可以表达单调函数为：

$$\gamma_h = (h_y + H_y - H)\varphi + \gamma_0$$

相应地，领先型海洋产业主体的收益可以表示为 x 的函数，即：

$$p(x) = \frac{\gamma_y \lambda_y \lambda_u k_s}{\gamma_g}(1 - x)x - w$$

由前文分析后发型海洋产业主体相应的生产过程中依赖于对海洋资源的消耗量，在后发型海洋产业主体生产过程中低增加值生产的劳动力投入与海洋资源消耗也成比例，即 $L_M = \varphi R$，高增加值生产所需的中间产品量同样依赖于劳动力投入，即 $H_y = \theta L_y$，由于后发型海洋产业主体对公共技术池影响不显著，在进行两阶段高技术劳动力分配时遵循最大化原则，即 $\partial Y/\partial z = 0$，其中 $L_{A_y} = zL_A$，则 $z = 1/2$，其利润表达如下：

$$P = \gamma_h \left(\alpha_h \varphi K_p R^2 - \frac{\theta}{2} L_A \right) + \gamma_y \alpha_y \frac{\theta}{2} L_A \cdot \frac{L_A}{2} \cdot \alpha_u \frac{L_A}{2} \cdot K_s - W$$

由上式可以获得后发型海洋产业主体对于海洋资源消耗下的利润函数：

$$P(L_A) = \frac{\gamma_h \gamma_a \alpha_h \varphi K_p W^2}{(\gamma_m \varphi + \gamma_r)^2} - W - \left[\frac{2\gamma_h \gamma_a \alpha_h \varphi K_p W}{(\gamma_m \varphi + \gamma_r)^2} - \frac{\theta \gamma_h}{2} \right] L_A + \frac{\gamma_h \gamma_a^2 \alpha \varphi K}{(\gamma_m \varphi + \gamma_r)^2} L_A^2 +$$

$$\frac{\gamma_y \alpha_h \alpha_y K_s \theta}{8} L_A^3$$

其中，L_A 为后发型海洋产业主体对于高技术劳动力的需求量，在全球价值链形成初期，后发型海洋产业主体与领先型海洋产业主体在选择生产投入的过程中，海洋产业主体信息与产品价格信息较为透明，参与价值链的海洋产业主体能够获得较多双方信息，可以假设其能够享有相同的信息与决策知识，两者之间存在完全信息静态博弈关系，在两类海洋产业主体的博弈过程中，两类海洋产业主体的投入策略 L_A 与 x 的反应函数由两类海洋产业主体的利润函数取得最大化时获得，由于假设利润函数 $P(L_A)$、$p(x)$ 分别为 L_A、x 的三次函数与二次函数，由于 $p(x)$ 二次项系数都为负数，则当且仅当满足条件 $p'(x)=0$，$P'(L_A)=0$ 时，利润函数取得最大值。两类海洋产业主体生产投入的反应函数可以分别表示为 $r_x(l)$，$r_l(x)$。由此可得，两类海洋产业主体的反应函数为：

$$r_x(l) = -\frac{2\gamma_h\gamma_a\alpha_h\varphi K_p W}{(\gamma_m\varphi + \gamma_r)^2}l + \frac{\theta\gamma_h}{2}$$

$$r_l(x) = \frac{\gamma_y\lambda_y\lambda_u k_s}{\gamma_g}x^2 - \frac{\gamma_h\gamma_a^2\alpha\varphi K_s}{(\gamma_m\varphi + \gamma_r)^2}x - w$$

由于反应函数为直线与二次曲线，则两条反应函数曲线存在两个交点为 (x_0, l_0)、(x_1, l_1)，其中

$$x_0 = \frac{\gamma_g}{2\gamma_y\lambda_y\lambda_u k_s}\left[\frac{\gamma_h\gamma_a^2\alpha\varphi K_s}{(\gamma_m\varphi + \gamma_r)^2} + \sqrt{\frac{\theta\gamma_h}{2} + w}\right]$$

$$l_0 = \left[\frac{\theta\gamma_h}{2} - \frac{\gamma_g}{2\gamma_y\lambda_y\lambda_u k_s}\left(\frac{\gamma_h\gamma_a^2\alpha\varphi K_s}{(\gamma_m\varphi + \gamma_r)^2} + \sqrt{\frac{\theta\gamma_h}{2} + w}\right)\right]\frac{(\gamma_m\varphi + \gamma_r)^2}{2\gamma_h\gamma_a\alpha_h\varphi K_p W}$$

$$x_1 = \frac{\gamma_g}{2\gamma_y\lambda_y\lambda_u k_s}\left[\frac{\gamma_h\gamma_a^2\alpha\varphi K_s}{(\gamma_m\varphi + \gamma_r)^2} - \sqrt{\frac{\theta\gamma_h}{2} + w}\right]$$

$$l_1 = \left[\frac{\theta\gamma_h}{2} - \frac{\gamma_g}{2\gamma_y\lambda_y\lambda_u k_s}\left(\frac{\gamma_h\gamma_a^2\alpha\varphi K_s}{(\gamma_m\varphi + \gamma_r)^2} - \sqrt{\frac{\theta\gamma_h}{2} + w}\right)\right]\frac{(\gamma_m\varphi + \gamma_r)^2}{2\gamma_h\gamma_a\alpha_h\varphi K_p W}$$

由于在均衡点处二次连续可微，在均衡点的开放邻域内，满足条件 $\left|\frac{dx_1}{dl_0}\right|\left|\frac{dl_0}{dx_1}\right| < 1$ 则两点均为博弈的渐进均衡点。在均衡点 (x_0, l_0) 中，在特定的初始条件下 $\left[\frac{\gamma_g}{2\gamma_y\lambda_y\lambda_u k_s}\left(\frac{\gamma_h\gamma_a^2\alpha\varphi K_s}{(\gamma_m\varphi + \gamma_r)^2} + \sqrt{\frac{\theta\gamma_h}{2} + w}\right) = \frac{\theta\gamma_h}{2}\right.$，即 $l_0 = 0$ $\bigg]$，博弈均衡中后发型海洋产业主体为了获得最大的利润，在进行生产投入过程中不进行高技术生产投入，在海洋产业发展的实际情境中，随着全球价值链分工的初步形成，海洋产业中大量后发型海洋产业主体在价值链中主要进行低增加

值生产，高增加值生产较少甚至没有，在环境条件不发生显著变化的情况下，后发型区域中海洋传统产业的部分产业主体被锁定在低增加值生产的均衡状态。比较两个均衡点可以发现，$l_0 < l_1$ 且 $x_0 < x_1$，说明在两个均衡状态中，除后发型海洋产业主体被锁定在海洋产业链低端的状态之外，还存在另外一种状态，即领先型海洋产业主体为了获取更大利润采取更为激进的活力措施，即通过减少研发增加生产获得更大利润，但与此同时，后发型海洋产业主体维持了较高的高增加值生产投入 l_1（$l_0 < l_1$），进而获取更多的无形资产积累，这说明在一定的环境条件下，某些传统的海洋产业主体虽然处于价值链低端，但全球价值链体系并不必然导致海洋产业主体的低端锁定，市场中存在具有较强高增加值生产能力的后发型海洋产业主体，而且在现实中确实也存在该情形，即在一些相对发展较晚的区域中也会出现国际较为领先的海洋产业主体。例如，90 年代我国整体渔业发展还较为落后的条件下，由于国际市场的拉动，依然会诞生福建闽威实业有限公司、广东恒兴集团有限公司等较为领先的海洋产业主体，在价值链形成的过程中，海洋产业主体自身的属性特征对最终均衡状态也有显著的影响。

6.2.3　技术驱动路径中各因素对海洋产业转型升级的作用过程

技术驱动海洋产业转型升级是通过改变海洋产业主体之间由于技术水平差异而造成的价值链相对位置变化，进而实现海洋产业转型升级的。在前文的分析中，海洋产业中的后发型海洋产业主体在价值链中达到均衡后，如果没有外部激励，其将持续处于均衡状态中，如果该状态为低增加值状态，后发型海洋产业主体就面临低端锁定的问题。在均衡点的表达式中可以发现，其受到最终品价格（γ_y）、私有技术储备（K_s）、公共技术池（K_p）、资本投入（w）、劳动力价格（γ_m）等各种因素的影响，当相关要素发生变化后，海洋产业就需要进行调整以达到新的均衡，这个调整的过程就表现为海洋产业转型，如果调整后，后发型海洋产业主体能够进行更多的高增加值生产则称为海洋产业主体的转型升级。从后发型海洋产业主体的利润（P）构成分析，在海洋传统优势产业中，海洋资源利用型产业主体是劳动力价格敏感性海洋产业，在劳动力价格（γ_a、γ_m）不变情况下，海洋产业主体可能出现价值链低端锁定。变量的影响过程是在区域的环境变量变化后，后发型海洋产业主体可以优先获得变化的信息，根据利润构成进行生产选择。技术创新对于生产过程各因素的影响是联动发生的，技术创新同时影响了生产过程的多个方面。在海洋资源利用型产业主体的生产决策中，与技术创新相关的因素主要包括劳动力、生产过程与技术市场（见图6-4）。

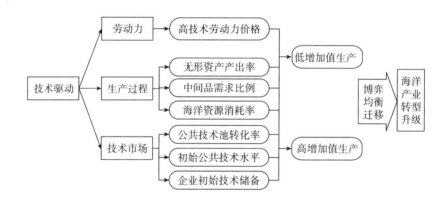

图6-4 技术驱动对海洋产业转型升级的影响过程

首先，技术驱动可以通过改变劳动力市场中的高技术劳动力价格实现对海洋产业转型升级的影响。在后发型海洋产业主体中，低技术劳动力与高技术劳动力的价格水平（γ_m、γ_a）影响了后发型海洋产业主体的生产决策选择，在区域实施技术驱动的过程中，通过增加教育投入、倡导技术交流等方式，提高了劳动者的技术水平，原有的低技术劳动力供给转化为高技术劳动力供给，整体高技术劳动力供给增加，在整体区域劳动力市场需求没有显著变化的情况下，高技术劳动力价格下降（$\gamma'_a < \gamma_a$），后发型产业主体在进行高增加值生产过程中可以投入更多劳动力进行研发或品牌建设，并在与领先型海洋产业主体的生产博弈中将均衡点（x'_0，l'_0）推向更大比例的高增加值生产，实现海洋产业主体的转型升级。

其次，技术驱动可以通过改变生产过程，实现对海洋产业转型升级的影响。在区域技术驱动的过程中，可以通过为海洋产业主体提供研发平台、推广新型科技投入方式等，改变无形资产产出率（α_u），在投入不变的条件下，提高海洋产业主体的无形资产产出（U）。技术创新通过改变生产工业或生产流程，改变了中间品投入与劳动力的比例关系（θ），使得在相同生产的条件下减少了对于中间品的需求，降低了海洋产业主体对中间品成本的支出，使海洋产业主体能够有更大空间投入进行技术研发，为实现转型升级提供可能性。在鼓励研发体系升级的过程中，海洋产业主体的自然资源利用效率（φ）改变，在相同劳动力情况下可以减少海洋资源的消耗，实现更大规模的生产，在海洋产业主体获得更大利润的同时实现产业主体的转型升级。

最后，技术驱动可以通过改变技术市场特征，实现对海洋产业转型升级的影响。在后发型区域，为了持续推动技术驱动，可以通过优化技术中介服务、降低技术学习门槛、重点投入海洋产业共性基础技术等方式，改变原有的技术市场特征。区域可以大力推动技术的引进消化吸收过程，通过规模化引入国际领先技术，改变海洋产业主体生产决策中可利用的初始公共技术池。通过技术驱动策略，使海洋产业主体具有更强的技术吸收能力，在领先型海洋产业主体研发新技术后，海洋产业主体获得更多的知识溢出，增加公共技术池的转化率，改变海洋产业主体进行低技术生产过程中的生产产出，促进海洋产业主体的转型升级。同时，在实施创新驱动的过程中，可以直接将公共机构的技术转移到海洋产业主体中，提高海洋产业主体在初始状态下的技术储备（K_s），缩小领先型海洋产业主体与后发海洋产业主体间的技术差异，也将会对海洋产业转型升级产生促进作用。在技术驱动海洋传统优势产业转型升级过程中，劳动力、生产过程与技术市场三个方面的驱动策略影响原有均衡的程度与范围存在差异，因此需比较在不同技术驱动策略下均衡点的变化趋势。

在改变劳动力价格的情境中，假设在初始状态下，后发区域海洋产业主体被锁定在低增加值生产中，在后发型区域中，政府或涉海企业组织为了获得价值链提升，加大了对人员技能与水平培训的投入，使原有的低技术劳动力能够成为高技术劳动力供给主体，这使高技术劳动力价格出现下降，即在后发区域中高技术劳动力价格由 γ_a 降低为 γ'_a，降低的幅度为 $\Delta\gamma_a = \gamma_a - \gamma'_a > 0$，假设其他参数没有发生变化，则领先海洋产业主体与后发海洋产业主体在生产过程中，劳动力分配的新均衡点为（x'_0，l'_0），变化的幅度为（Δx_0，Δl_0），其可以表达为：

$$\Delta x_0 = \beta_1(\gamma_a^2 - \gamma'^2_a)，\text{即 } \Delta x_0 = 2\beta_1\gamma_a\Delta\gamma_a - \beta_1\Delta\gamma_a^2$$

$$\Delta l_0 = \frac{\beta_2}{\gamma_a} - \beta_3\gamma_a - \frac{\beta_2}{\gamma'_a} + \beta_3\gamma'_a，\text{即 } \Delta l_0 = \frac{\beta_2}{\gamma_a} - \frac{\beta_2}{\gamma_a - \Delta\gamma_a} - \beta_3\Delta\gamma_a$$

$$\beta_1 = \frac{\gamma_g}{2\gamma_y\lambda_y\lambda_u k_s} \cdot \frac{\gamma_h\alpha\varphi K_s}{(\gamma_m\varphi + \gamma_r)^2}，\ \beta_2 = \left(\frac{\theta\gamma_h}{2} - \frac{\gamma_g \cdot \sqrt{\frac{\theta\gamma_h}{2} + w}}{2\gamma_y\lambda_y\lambda_u k_s}\right)\frac{(\gamma_m\varphi + \gamma_r)^2}{2\gamma_h\alpha_h\varphi K_p W}$$

$$\beta_3 = \frac{(\gamma_m\varphi + \gamma_r)^2}{2\gamma_h\alpha_h\varphi K_p W} \cdot \frac{\gamma_h\alpha\varphi K_s}{(\gamma_m\varphi + \gamma_r)^2}$$

由上述假设条件可得，$\beta_1 > 0$，$\beta_3 > 0$，因此可以根据 Δx_0 与 Δl_0 的表达式获得领先型海洋产业主体与后发型海洋产业主体后发型区域中高技术劳动力价格下降的情况下，领先型涉海企业投入到技术研发中劳动力的比例变化与后发型涉海企业投入到高增加值生产环节的劳动力变化趋势（见图6-5）。

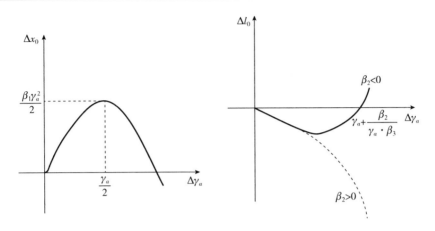

图6-5 劳动力价格变化与领先型涉海企业、后发型涉海企业投入变化趋势

由图6-5可以看出，在高技术劳动力变化初期，领先型涉海企业将会增加技术投入，直到劳动力价格变化超过一定幅度后这种影响将逐渐减弱，直到领先型涉海企业转而减少技术投入，而后发型涉海企业高增加值生产不会直接增加，而是先出现短暂减少，直至高技术劳动力价格减少至 $\gamma_a + \dfrac{\beta_2}{\gamma_a\beta_3}$ 后，后发型涉海企业高技术投入才开始出现增加，说明在通过影响劳动力价格改变涉海企业高增加值投入比例的过程中，需要在较短时间内对劳动力价格施加较大影响，才能够达到提高后发型区域中涉海企业进行高增加值生产的目的，否则将可能导致高增加值生产反而减少。

6.2.4 政策驱动路径中各因素对海洋产业转型升级的作用过程

政策驱动海洋产业转型升级是一个行业利好逐渐扩散的过程，在此过程中政策出台改变了原有市场结构中的环境约束、市场准入等，在政策实施区域内海洋产业主体间关系相对稳定，但不同区域的政策差异导致了海洋产业主体间势差的变化，这种势差变化按照国家或区域边界出现与分布，影响则通过此边界向外传播，由此导致一个国家或区域的海洋产业实现转型升级。在政策驱动海洋产业转型升级中，政策的影响是多方面的，在大部分情况下，政策的影响是间接的，通过改变海洋产业主体市场环境、要素价格、生产过程，促使海洋传统海洋产业主体实现转型升级。

在前文的分析中，海洋产业中的后发型海洋产业主体在价值链中达到均衡后，如果没有外部激励，其将持续处于均衡状态中，如果该状态为低增加值状态，后发型海洋产业主体就面临低端锁定的问题。在均衡点的表达式中可以发现，其受到最终品价格、海洋产业主体劳动力市场供给、海洋产业主体资本投入、劳动力价格等各种因素的影响，当相关要素发生变化后，海洋产业主体就需要进行调整以达到新的均衡，这个调整的过程就表现为海洋产业主体转型，如果调整后，后发型海洋产业主体能够进行更多的高增加值生产则称为海洋产业主体的转型升级。从后发型海洋产业主体的利润构成分析，海洋传统优势产业中海洋资源利用型产业主体是劳动力价格敏感性海洋产业，在劳动力价格不变情况下，海洋产业主体可能出现价值链低端锁定。变量的影响过程是在区域的环境变量变化后，后发型海洋产业主体可以优先获得变化的信息，根据利润构成进行生产选择。海洋产业政策对于生产过程各因素的影响是联动发生的，同一个海洋政策往往同时影响生产过程的多个方面。在海洋资源利用型海洋产业主体的生产决策中，与政策相关的因素主要包括海洋环境保护与海洋产业激励两个方面（见图6-6）。

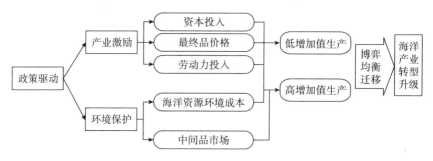

图6-6 政策驱动对海洋产业转型升级的影响过程

首先，政策驱动可以通过改变劳动力市场中的劳动力价格，实现对海洋产业转型升级的影响。在后发型海洋产业主体中，低技术劳动力的价格水平（γ_m）影响了后发型海洋产业主体的生产决策选择，在区域实施政策驱动的过程中，通过保护低技术劳动力的生产参与、设置从业资格审核等方式，提高了劳动者的海洋产业进入门槛，原有的低技术劳动力与高技术劳动力供给的比例发生变化，整体高技术劳动力供给增加，在整体区域劳动力市场需求没有显著变化的情况下，低技术劳动力价格上升，即 $\gamma'_m > \gamma_m$，迫使后发型海洋产业主体在进行高增加值生产过程中投入更多劳动力进行研发或品牌建设，并在与领先型海洋产业主体的生产博弈中将均衡点推向更大比例的高增加值生产，实现海洋产业主体的转型升级。在区域政策驱动的过程中，可以通过设立海洋产业引导基金等方式为海洋产业主体提供资本支持等，从而改变海洋产业主体的资本投入，即 $W' > W$，在转化率不变的条件下，提高海洋产业主体的生产产出，即 $Y' > Y$，使海洋产业主体能够有更大空间投入进行技术研发，为实现转型升级提供可能性。

其次，政策驱动可以通过改变海洋资源保护制度，重塑海洋资源供给特征，实现对海洋产业转型升级的影响。在鼓励海洋产业转型升级的过程中，海洋环境保护力度的变化，使海洋产业主体的自然资源利用成本改变，在相同资本投入情况下为减少海洋资源的消耗，需要实现更大规模的研发，在海洋产业主体获得更大利润的同时实现海洋产业主体的转型升级。在后发型区域，为了持续推动政策驱动，可以通过强化海洋环境保护政策，改变海洋资源国际贸易的进出口税率，使海洋资源型中间品在国际市场上的流通规则优化，改变原有的中间品市场价格形成特征 φ，使中间品价格随供给水平的变化规律发生变化，进而对海洋产业转型升级也产生促进作用。

在海洋产业激励型的政策驱动策略中，最终产品价格与低技术劳动力价格的变化往往来自于更严格的政策约束，这在改变海洋产业生产比例的同时也影响了海洋产业生产的积极性，可能会导致消极结果，需要与投资刺激手段同时推行才能获得较好效果。

海洋环境保护是经济海洋产业发展与社会福祉最大化的共同选择，在促使海洋产业转型升级的过程中，必然伴随着环境保护政策实施的逐渐深入。在假设模型中，环境保护政策的变化将直接影响后发型涉海企业生产过程中获取海洋资源的价格，在更加严格的环境保护政策下，海洋资源单位价格升高，即政策影响后海洋资源单位价格 $\gamma'_r > \gamma_r$，海洋资源价格的变化量为 $\Delta\gamma_r$，由均衡点表达式可得领先型涉海企业与后发型涉海企业生产活动的变化分别为 Δx_0、Δl_0，其可以表达为：

$$\Delta x_0 = \frac{\beta_5}{(\beta_6 + \gamma_r)^2} - \frac{\beta_5}{(\beta_6 + \gamma_r + \Delta\gamma_r)^2}$$

$$\beta_5 = \frac{\gamma_g \gamma_h \gamma_a^2 \alpha\varphi K_s}{2\gamma_y \lambda_y \lambda_u k_s}, \quad \beta_6 = \gamma_m\varphi$$

$$\Delta l_0 = \beta_7 \Delta\gamma_r^2 + 2\beta_7(\gamma_m\varphi + \gamma_r)\Delta\gamma_r$$

$$\beta_7 = \frac{\gamma_g \sqrt{\dfrac{\theta\gamma_h}{2} + w}}{2\gamma_y \lambda_y \lambda_u k_s} - \frac{\theta\gamma_h}{2}$$

由假设条件可得 $\beta_5 > 0$，$\beta_6 > 0$，因此可以根据 Δx_0、Δl_0 的表达式获得领先型海洋产业主体与后发型海洋产业主体后发型区域中海洋资源价格上升的情况下，领先型涉海企业投入到技术研发中劳动力的比例变化与后发型涉海企业投入到高增加值生产环节的劳动力变化趋势（见图 6-7）。

通过图 6-7 可以发现，在后发型区域通过海洋环境政策加强提高海洋资源单位价格后，领先型涉海企业的技术投入与后发型涉海企业的高增加值生产的比例同时出现了提升，从提升速率角度看，后发型区域提升的速度逐渐加快，而领先型区域的提升速度呈现出逐渐放缓的趋势，这说明后发型区域在通过加强环境保护改变海洋产业生产活动的影响是显著的，同时海洋产业结构升级的效果是逐渐加强的，在其他环境参数不发生变化的情况下具有规模效应递增的规律，但是其需要在 $\beta_7 > 0$ 环境条件的前提下才能够实现，否则将呈现出恰好相反的效果。

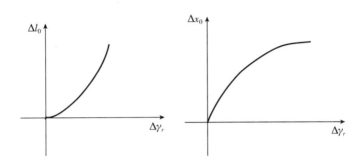

图 6 - 7　海洋资源价格与生产均衡变化关系

7 海洋传统优势产业转型升级科技驱动路径

改革开放以来，不断增加的要素投入与持续的开放政策使我国海洋产业获得了快速的发展，但是在国际海洋产业快速发展变化的背景下，我国海洋产业的国际竞争力与增长可持续性正在面临严峻的挑战。随着各国海洋产业在全球化竞争中日益加剧，各国意识到海洋产业创新能力是海洋产业持续竞争力的重要来源，为了增强海洋产业竞争力，各国纷纷出台海洋科技支持计划，提高海洋产业的科技创新能力。我国海洋产业的发展也已经逐渐由规模迅速扩张向质量提高转变，海洋产业的转型升级需要以海洋科技创新能力为基础，海洋产业创新能力为海洋产业转型升级提供重要动力。在国际竞争与产业转型升级的背景下，海洋产业创新能力提升具有重要现实意义。

7.1 创新价值链视角下产业创新能力分析

国家"十三五"规划提出，"以科学发展为主题，以加快转变发展方式为主线，坚持走中国特色新型工业化道路，按照构建现代产业体系的本质要求，深化改革开放，加强自主创新，推进信息化与工业化深度融合，培育壮大战略性新兴产业，改造提升传统产业"。科技已经成为海洋传统优势产业转型升级的主要方式和重要手段。

在已有的海洋产业创新能力研究中，研究者们主要从企业与区域两个层面展开海洋产业创新能力的研究。一方面，部分研究者从企业层面视角探讨了在海洋产业中创新活动的性质，研究了公司的规模、知识密集度和公司位置等因素对企业创新活动的影响，并试图提出企业的有效创新行动策略。另一方面，更多研究者试图从产业层面解释海洋产业创新活动的生成机理，Doloreux 探讨了海洋科技创新系统中创新中介组织的作用，并提出了海洋科技创新的解决方案与关键因素[130]，Broadus 以海洋矿业为例研究了海洋科技创新对产业的影响，认为技术将成为产业发展潜力的重要因素[131]。无论是在企业层面还是产业层面的研究中，研究者们都更多地将创新活动相关的一系列过程视为一个整体进行研究，虽然获得了影响因素与参与主体，但是不能清晰解释海洋产业创新活动的产生与变化过程，为了能够区分不同区域海洋产业的创新活动特征，需要寻找合适的理论对创新的系列活动进行解析。

回溯创新理论的研究可以发现，创新价值链的研究已经为海洋产业创新能力的解析提供了理论工具。创新价值链理论是 Porter 的价值链理论在创新活动领域的延伸，与价值链理论相似，其将企业作为系列创新相关输入/输出活动的集合。为了研究企业创新能力的产生路径，Hansen 与 Birkinshaw 将企业内部创新活动链条抽象化为创新价值链，将创新价值链分为知识产生、知识转化与知识传播三个阶段，提出了创新价值链理论。创新价值链理论不仅仅应用于体系内部，研究者们逐渐将视角由体系内部扩展到整个行业甚至是国家。Jurowetzki 等将国家创新体系和全球价值链文献结合起来进行经济发展研究[90]。Ganotakis 使用创新价值链理论分析了关键企业群、新技术企业与创新绩效间关系[132]。创新价值链不仅能够分析企业的创新力来源，而且对创新体系变化具有解释力，Pietrobelli 分析了一个多边贷款机构——美洲开发银行的案例，解释了通过改变全球价值链的位置塑造地方创新系统的过程[133]。在海洋产业的研究中，已经有研究者将创新价值链理论引入海洋产业创新活动的分析中，徐胜、李新格使用两阶段 DEA 描述了区域间海洋创新效率[134]，李平龙、胡求光利用价值链理论分析了浙江省的海洋产业活动特征[135]，通过已有研究发现，可以利用创新价值链理论分析海洋产业的创新活动，但是仅仅将创新价值链置于省域层面的对比中，实际上没有发挥出创新价值链在创新特征方面的解释力，应该在国际与省域两个层面对海洋产业创新进行分析，才能为区域海洋产业创新能力增强找到有效的路径。

创新价值链是创新链以价值为维度的抽象，技术创新链涉及科研成果从选题开始到实现产业化的整个技术经济过程。根据 Morten T. Hansen 对创新价值链的解析，科技创新体系中创新主体的创新活动也可以分为知识产生、知识转化、知识传播三个阶段，单元内知识创新、跨单元合作、跨企业合作、选择、发展、传播六个环节（见图 7-1）。

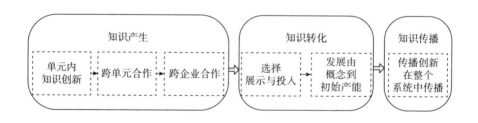

图 7-1　创新价值链形式

在以创新价值链为理论工具的创新能力研究中，一些研究者使用定性的方法从创新价值链角度对创新能力进行分析。Ishak 等用创新价值链构造问卷对研究机构的活动进行评价，获得提高组织创新能力的政策与建议[136]。Niosi 分析渔业和采矿业等 4 个产业发展，通过整合公司外部产生的信息，实现了"使命"非线性流程，完善项目试行的基本程序[137]。Chen 介绍了一个从创新价值链模型扩展而来的概念模型[138]，利用网络 DEA 对我国 29 个省级地区的高新技术产业的研发效率和商品化效率进行了评估，尝试将 R&D 和商业化联系起来。从已有研究中可以发现，由于 DEA 方法的易用性与结果的解释力较强，研究者已经将 DEA 效率分析方法与创新价值链分析结合在一起（见图 7 –2）。

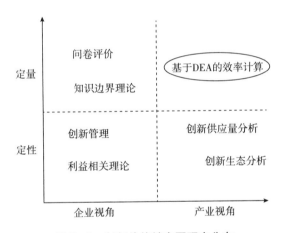

图 7 –2 创新价值链主要研究分布

首先，DEA 方法以线性规划方法为基础，没有随机误差项，也无须事先设定投入与产出之间的函数关系，投入指标也不受多重共线性的影响，没有量纲要求，比较适合国家创新体系这种复杂系统，也更符合多投入多产出的特征。其次，DEA 方法可以将技术效率（TE）进一步分解为纯技术效率（PTE）和规模效率（SE），有助于我们进一步分析每一个创新阶段的创新产出效率差异表现，也更加符合创新活动既有技术创新产出也有非技术创新产出的现实。目前已有大量研究用 DEA 方法对不同的研究主题进行效率分析，该方法也在创新领域，尤其是在创新体系的相关方面得到广泛运用，并得到不断发展完善。

按照效率理论，在海洋产业的知识产生、知识转化与知识传播三个环节中，由于各因素的影响，不同地区在不同阶段的效率各不相同。参照已有研究，在知识创新阶段，投入指标有三个，分别是人员数量、经费投入、参与主体；产出指标一个，主要是科技论文，在知识产生阶段内，海洋产业创新主体主要反映在科技创新活动中，根据产业发展的需求，将科技投入转化为知识型产出的过程，在整个创新价值链中属于初始环节，期间既有科研人员基于显性知识的逻辑推演成果，又有基于隐性知识的灵感激发，知识产生阶段的创新效率反映了系统产生原始创新与自主创新的能力，是技术产生的基础。在知识转化阶段，投入指标包括上个阶段的产出指标科技论文与企业数量、经费投入共三个投入指标，产出指标则变成两个，分别是专利数量与技术交易量，在知识转化阶段中，经费与上阶段的知识产出成为主要的投入要素，是转化的源头，而企业数量在一定程度上反映了参与转化主体的规模与投入，体现的是知识从理论到技术的转化。企业在新理论知识的指导下，完成知识的实用性转化，将知识从虚拟的抽象空间转化到具体的技术空间中，整个过程在时间维度上是与知识产生阶段交叉在一起的，两个阶段共享了部分投入，而从创新价值链角度企业又是知识产生阶段的承接者。在知识传播阶段，投入指标有两个，即知识转化阶段的主要产出专利数量、技术交易量；产出指标变量有两个，即产业效率、产业规模，从知识传播效果角度分析，知识传播的影响是广泛存在的，知识传播后可能促成新技术、新产品、新商业模式甚至是新理念，度量其准确影响是困难的，但是从产业宏观角度分析，根据内生增长理论的解释，在整个区域的发展中去除投入要素增长带来的经济发展，其他的经济增长都源于技术进步，也就是本部分中知识传播的贡献，所以本书选择产业规模与产业效率作为知识传播的主要产出，从两个不同的维度反映出知识传播的主要成果（见表7-1）。

表 7 - 1　各阶段主要投入产出指标

创新指标	投入要素	操作性指标	产出变量	操作性指标
知识产生	人员数量	科研人员数量	科技论文	论文发表数量
	经费投入	科研经费数量		
	参与主体	科研单位数量		
	科技论文	论文发表数量	专利数量	专利授权数量
知识转化	企业数量	企业数量	技术交易量	技术市场规模
	经费投入	科研经费数量		
知识传播	专利数量	专利授权数量	产业效率	劳动生产率
	技术市场规模	技术市场规模	产业规模	产业增加值

7.2　模型构建与数据

7.2.1　知识产生、知识转化阶段

在以相对效率的比较为目标的研究中，根据多指标投入和多指标产出对相同类型的生产单元进行相对有效性评价，DEA 分析过程为决策单元投入产出之比的非参数计算过程。区域中的海洋产业知识产生与知识转化为研究对象的创新活动效率分析中，参与比较的是具有相应边界的空间生产活动主体，每个参与比较的主体都具有相对独立的将知识创新与知识转化中的投入要素转化为产出要素的能力，而分析各主体效率的差异就是分析各主体要素比例的变化。用 BCC - DEA 计算出来的效率值可以进行大小排名，也可以根据投入/产出的冗余状况，确定改进效率的方向。按照已有研究，本书将分别考察各个决策单元在知识产生阶段和知识转化阶段的效率表现，并将其与其他区域、该区域前几年的效率值进行比较，得出效率表现评价。

7.2.2 知识传播阶段

与知识产生的区域分析相似，知识传播的效率分析也是基于一个多投入产出系统的多维分析，因为知识传播过程中投入与产出要素间的关系是非常复杂的。知识传播的投入要素进入传播系统后，受到多个外部因素的影响，不能简单将其使用确定边界模型进行计算，而是将知识传播的最优生产前沿视为一个随机变量，通过引入外部影响因素回归获得实际知识传播的生产前沿。本书沿用已有研究的决策单元假设，面向知识传播投入和产出特征与综合评价目的，重新建立评价指标体系，同时，对三阶段 DEA 模型进行改进使模型适用于知识传播产业的整体运营特征，进而获得不同知识传播间的管理效率差异及其影响因素。

7.2.3 数据来源与计算

在国际数据中，研究将利用 36 个海洋国家在 5 年内的投入指标和产出指标，纵向比较单个国家的创新效率变化，并在每个时间截面上比较不同国家的创新效率差别。从数据可得性和时效性的角度考虑，本书选取 2009 ~ 2016 年的数据进行分析。同时，本书也充分考虑到创新活动的内在特征，即一定量的创新投入需要经过一定时间才能转化为创新产出，两个创新阶段之间也存在转化时间的差异，因而对于投入和产出指标的选取在时间上有所区别。参照已有研究，创新投入指标选取 2009 ~ 2016 年的数据，而技术创新产出指标选取 2011 ~ 2015 年的数据，滞后两年，即研发经费和研究人员投入最少需要两年时间才能转化为专利和科技论文；经济效益指标则选取 2012 ~ 2016 年的数据，再滞后一年，即专利和科技论文最少需要 1 年时间才能实现成果转化，才能在经济领域获得应用，取得一定的效果，国际数据主要来源于世界知识产权组织编著的 2012 ~ 2018 年《全球创新指数报告（GII）》，选取其中各主要海洋国家创新与经济数据。在国内数据中，主要选取相应时段的《海洋统计年鉴》、各省份的统计年鉴，确保数据的一致性与权威性。

各阶段创新效率是利用相关软件，计算上述指标的投入与产出关系得出的。计算过程为依次将一年的投入、产出指标放入 DEAP 软件，按照年为单位计算 5 次，每次都会产出 3 个效率值，取其中的综合效率进行比较。

7.3 主要海洋国家与各省域创新效率比较

7.3.1 主要海洋国家创新效率分布

根据前文模型，将 2013 年、2017 年世界各主要海洋国家知识创新系统作为决策单元，使用 Matlab 求解 DEA 模型中的线性规划问题，得到各年世界各主要海洋国家知识创新三个阶段效率，根据《全球创新指数报告（GII）》中对国家创新能力的排名，选取 2018 年创新能力排名前 15 名的国家，分析其各个知识创新链阶段的创新效率，计算结果如表 7−2 所示。

表 7−2 创新型海洋国家各阶段效率分布

效率分布	2013 年			2017 年		
	知识产生	知识转化	知识传播	知识产生	知识转化	知识传播
荷兰	0.9303	0.2369	0.5839	1.0000	0.2761	0.6149
瑞典	0.7615	0.2090	0.3568	0.7028	0.2244	0.3494
英国	0.6906	0.2609	0.6104	0.6851	0.4546	0.7107
新加坡	0.3481	0.9730	1.0000	0.5335	0.9203	1.0000
美国	0.4320	0.5213	0.5213	0.5248	0.6202	0.6212

续表

效率分布	2013 年			2017 年		
	知识产生	知识转化	知识传播	知识产生	知识转化	知识传播
芬兰	0.7909	0.1562	0.3460	0.6404	0.2337	0.2570
丹麦	0.7442	0.1459	0.3422	0.6929	0.1799	0.3015
德国	0.6253	0.5385	0.5925	0.7073	0.5700	0.5726
爱尔兰	0.4209	0.5899	0.8750	0.6893	0.6621	0.8550
韩国	0.6449	0.5165	0.5165	0.6866	0.5391	0.5407
日本	0.8560	0.8533	0.8533	0.7347	1.0000	1.0000
法国	0.5157	0.3989	0.6063	0.6591	0.4675	0.6245
加拿大	0.5989	0.2155	0.5464	0.6703	0.2741	0.4650
挪威	0.4814	0.2219	0.5165	0.6858	0.1874	0.5058
澳大利亚	0.6554	0.1127	0.3459	0.5803	0.1435	0.3220

资料来源：本书计算所得。

从知识创新链视角出发，综观 2013 年与 2017 年创新型海洋国家各阶段效率分布情况，在知识产生环节，创新效率较高的国家包括荷兰、日本、芬兰、瑞典、丹麦；在知识转化环节，创新效率较高的国家包括新加坡、日本、爱尔兰、德国、美国；而在知识传播环节，创新效率较高的国家包括新加坡、爱尔兰、日本、英国、法国。在整个创新价值链中，日本在三个环节中的效率都较高，而丹麦、瑞典等传统创新能力较强的国家（其创新排名领先于日本），两个环节中的创新效率实际是低于日本等国家的，这说明在创新能力较强的国家中，各个国家在不同环节上的效率是其国家创新的固有属性之一，不同的创新环节上的高效率都能够通过充分发挥优势实现创新能力的提升。为了能够更加直观地观察各个国家创新价值链上效率的分布，可以将三个环节分别放置于一个坐标轴中，分析在知识产生、知识转化与知识传播的三维坐标轴中，不同国家的分布情况，如图 7-3 所示。

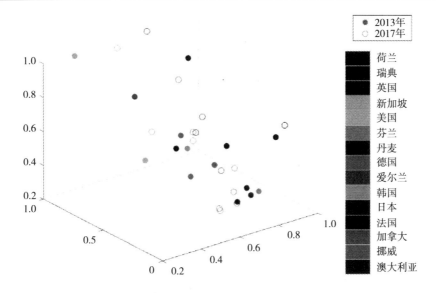

图7-3 不同国家创新价值链特征示意图

从各国创新价值链分布情况可以看出，在创新能力较强的15个国家中，创新价值链效率特征主要可以分为三种模式：第一种是高效率知识产出、低知识转化、低知识传播型的创新价值链，其代表性国家是荷兰、芬兰、瑞典、丹麦、英国。该类创新国家比较注重自主创新与原始创新，能够通过不断强化基础实现国家的创新能力提升，属于基础突破性创新区域。第二种是知识产出、知识转化、知识传播三者转化效率都为比较均衡的创新价值链，其代表性国家是日本、德国、美国、韩国，该类创新国家比较注重创新活动的协调一致性，能够保障各个创新环节的协同与平衡，同步提高国家各类创新能力，属于协同合作型创新区域。第三种是高效率低知识转化、知识传播型创新价值链，其代表性国家是新加坡、爱尔兰等，其在知识的创新过程中，能够充分发挥知识在技术与市场中的作用，推动知识向实体化、产业化转化，属于市场引领型创新区域。从最终的国家创新能力角度来看，各个国家都可以通过发挥各自的创新价值链的特征，实现国家创新能力的提升，推动国家的社会经济进步。

7.3.2 各省域创新效率分布

通过前文模型，将 2013 年、2017 年我国各省域海洋产业知识创新系统作为决策单元，使用 Matlab 求解 DEA 模型中的线性规划问题，得到各年我国省域海洋产业知识创新三个阶段效率，如表 7-3 所示。

表 7-3　中国各沿海省份知识创新链三阶段效率分布

效率分布	2013 年			2017 年		
	知识产生	知识转化	知识传播	知识产生	知识转化	知识传播
北京	0.5430	1.0000	0.0400	0.5559	1.0000	0.1095
天津	0.3328	0.6818	0.0590	0.2992	0.7123	0.1550
河北	0.4496	0.2910	0.2563	0.3871	0.4193	0.4109
辽宁	0.6651	0.5101	0.1472	0.7694	0.4894	0.3412
上海	0.5335	0.6073	0.0628	0.5149	0.6197	0.1690
江苏	0.2722	1.0000	0.0295	0.2501	0.7681	0.1230
浙江	0.1841	1.0000	0.0320	0.1576	1.0000	0.1068
福建	0.2436	0.4947	0.1013	0.2308	0.8318	0.2001
山东	0.2142	0.5905	0.0886	0.2125	0.6142	0.2577
广东	0.1938	0.6906	0.0588	0.2019	1.0000	0.1054
广西	0.6711	0.6019	0.1547	0.7117	1.0000	0.2565
海南	0.8834	0.4621	0.3352	0.7536	0.4354	0.7578

资料来源：本书计算所得。

从知识创新链视角出发，综观 2013 年与 2017 年中国各沿海省份知识创新链三阶段效率分布情况，在知识产生环节，创新效率较高的省份包括北京、上海、海南、广西、辽宁，由于体量较小显著受到周边省份知识溢出的影响，其知识生产效率也较高；在知识转化环节，创新效率较高的省份包括浙江、北京、江苏；而在知识传播环节，创新效率较高的省份包括海南、河北、广西、辽宁、福建。与各国家在创新价值链上的分布特征相似，在整个创新价值链中，广东等传统创新能力较强的区域（其创新排名领先于辽宁），在三个环节中的创新效率实际是低于海南、辽宁等区域的。在创新能力较强的省份中，各个省份在不同环节上的效率是其省域创新的固有属性之一，不同创新环节上的高效率都能够通过充分发挥优势实现创新能力的提升。

7.4 基于创新能力提升的各省域海洋产业转型升级路径分析

为了能够更加直观地观察各个省域创新价值链上效率的分布，可以将三个环节分别放置于一个坐标轴中，分析在知识产生、知识转化与知识传播的三维坐标轴中，不同省份的分布情况，如图7-4所示。

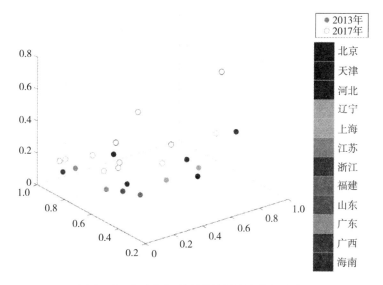

图7-4 各省知识创新价值链效率特征分布

如表7-4所示，从各省域创新价值链分布情况可以看出，根据各主要海洋创新型国家创新价值链的效率模式的三种分类，第一种是高效率知识产出、低知识转化、低知识传播型的创新价值链，其中代表性省份是北京、辽宁、海南、广西，该类省份可以通过注重自主创新与原始创新，不断强化基础知识产出，实现省域海洋产业的创新能力提升，属于基础突破性创新区域。第二种是知识产出、知识转化、知识传播三者转化效率都比较均衡的创新价值链，其中代表性省份是上海、福建、山东、浙江，该类省份应注重创新活动的协调一致性，充分保障各个创新环节的协同与平衡，同步提高省内各类创新能力，属于协同合作型创新区域。第三种是高效率低知识转化、知识传播型创新价值链，其中代表性省份是河北、天津、江苏、广东等，其在知识创新的过程中，能够充分发挥知识在技术与市场中的作用，推动知识向实体化、产业化转化，属于市场引领型创新区域。从最终的国家创新能力角度来看，各个省域都可以通过发挥各自的创新价值链的特征，实现区域海洋产业创新能力的提升，推动海洋经济的进步。

表7-4 海洋产业知识创新价值链特征分布

创新价值链特征	典型国家	中国典型省份
基础突破型	荷兰、芬兰、瑞典、丹麦、英国	北京、辽宁、海南、广西
协同合作型	日本、德国、美国、韩国	上海、福建、山东、浙江
市场引领型	新加坡、爱尔兰	河北、天津、江苏、广东

8 海洋传统优势产业转型
升级的政策驱动路径

近二十多年以来，中国海洋经济保持了超过两位数的增长率，海洋产业转型升级也在不同地区不断发生，这与我国近些年不断出台的海洋产业发展政策密不可分，政策驱动成为产业转型升级的重要动力来源。通过对我国海洋产业政策进行梳理，分析海洋政策发展脉络，针对海洋经济发展新时期中海洋政策的一个重要转换，基于2001~2017年海洋经济发展数据，利用灰色关联分析法与双重差分模型分析验证我国海洋政策对产业转型升级的驱动方式，为海洋政策的制定与优化提供建议与方向。

8.1 基于灰色关联度的海洋产业转型升级分析

在已有研究中，学者们从海洋产业的影响、发展及结构等多个方面，剖析了海洋产业的特征与属性。在分析产业影响的研究中，海洋产业在快速发展的同时成为劳动力就业的重要方向，栾维新等认为通过发展海洋产业可以有效解决我国的就业问题[139]，马仁锋等通过主成分分析法梳理各海洋产业的综合实力水平，明确我国海洋产业结构的体系化程度[4]。同时，黄盛认为海洋产业结构的变化与评估是海洋经济研究的重要命题[140]，孙才志等基于D-S证据理论的城市海洋产业结构评价，计算得出海洋产业间的优劣势比较，为海洋产业政策的调整提供了一定的理论依据[141]，但海洋政策的调整对于海洋产业结构变化的影响成为政策制定与产业发展过程中的重要理论问题，需要结合我国海洋产业的实际发展情况与政策变化进行实证数据的支撑与讨论。

海洋产业中的涉海性决定了海洋产业的多样性。现代意义的海洋经济包括了多种为开发海洋资源与仰赖海洋空间的生产活动，以及开发海洋空间及资源的产业活动，在此范围内产业中的经济活动都属于现代海洋经济，包括海洋渔业、海洋交通运输业、海洋船舶工业、海洋盐业、海洋油气业、滨海旅游业等。根据灰色关联度分析（Grey Relational Analysis，GRA）方法，分析同产业间的发展关系，计算产业间的关联度，可以研究不同的海洋产业在不同产业政策的影响下，发展趋势是否存在显著差异。

基于海洋产业发展理论，可以得出产业发展水平的定性描述，即一定的海洋产业发展水平总是与某种特征的资本、生产力水平、人力资源水平相联系的，在一定的经济发展水平下，资本、海洋经济的生产力水平、劳动力供给存在特征但又不是唯一确定的，它们有明确地外延，但内涵是模糊的[142]。海洋经济在发展的过程中，各个产业的发展依赖于整体经济的不同方面，不同产业间的就业、资本投入与产出水平间的关系反映了产业在政策影响下的变化趋势。本书将产业发展水平与资本、产出水平、人力资源这三个灰数相对应，在研究中分析海洋经济发展水平、衡量各产业间关系水平时，根据以上三个影响因素构建相应指标体系。

按照灰色关联度的理论，首先将经济发展水平定义为序列 A，若 A 为表达产业发展水平的指标序列，即 $A = [A(1), A(2), \cdots, A(n)]$，共有 n

个指标代表着产业发展水平的 n 个因素，假设海洋经济 M 中共有 s 个产业，设海洋经济的整体产业发展水平为 A_0，各个产业的经济发展水平序列为 $\{A_i (i=1, 2, \cdots, s)\}$，要研究位于整体海洋经济中的产业 i 的产业发展水平与整体产业发展的相关性，可以将其转化为研究两个序列的相似程度，根据灰色理论可以求出两个序列的灰色关联度，从而表达两个产业经济发展的相关联程度。

在本书中，海洋经济整体发展的行为序列 A_0 与各个海洋产业的行为序列 A_i 中的组成元素具有不同的量纲与含义，所以如果使用一般意义的初始化算子 D，会覆盖原有数据中的信息，经分析发现，原有数据中的序列 A_0、A_i 已经满足序列可比性、可接近性与极性一致性的要求，故在数据中选择合理量纲即可达到求解需要，可省略初始化算子的计算过程，同时为了能够充分反映整体海洋经济发展行为与各个海洋产业行为的关系，使用关联度计算方法如下：

$$\gamma_{0i} = f(X_0, X_i) = \frac{1}{n}\sum_{k=1}^{n}\gamma[x_0(k), x_i(k)]$$

其中：

$$\gamma(x_0(k), x_i(k)) = \frac{\min\limits_{i}\min\limits_{k}|x_0(k)-x_i(k)| + \zeta\max\limits_{i}\max\limits_{k}|x_0(k)-x_i(k)|}{|x_0(k)-x_i(k)| + \zeta\max\limits_{i}\max\limits_{k}|x_0(k)-x_i(k)|}$$

$\gamma(x_0(k), x_i(k))$ 为序列两点间的关联系数；ζ 为分辨率系数，按最少信息原则取分辨率系数为 0.5。根据该方法计算出的海洋经济整体与各个海洋产业之间的灰色关联度数值，可以用于分析海洋经济与组成产业之间经济发展的相关联关系，其中灰色关联度 γ_{0i} 越大，海洋经济与产业 i 的经济发展关系越为密切，反之其间的经济发展关系越不密切，进而可以使用灰色理论分析海洋经济内各个产业之间的发展结构，为研究海洋政策给产业经济系统带来的影响提供理论基础。在数据选择中，使用 2001~2015 年《中国海洋统计年鉴》中的行业从业人员数量、分行业增加值分别作为劳动力与产出的

表8-1 各产业与海洋经济间灰色关联度

年份	滨海旅游业	海洋交通运输业	海洋工程建筑业	海洋船舶工业	海洋油气业	海洋电力业	海水利用业	海洋渔业	海洋化工业	海洋生物医药业	海洋矿业	海洋盐业
2001	0.60	0.60	0.56	0.72	0.70	0.73	0.78	0.59	0.66	0.67	0.76	0.66
2002	0.60	0.61	0.59	0.67	0.74	0.76	0.78	0.58	0.73	0.75	0.77	0.68
2003	0.56	0.61	0.67	0.58	0.72	0.71	0.78	0.59	0.58	0.72	0.74	0.73
2004	0.56	0.62	0.68	0.69	0.75	0.75	0.78	0.59	0.67	0.75	0.78	0.73
2005	0.57	0.64	0.67	0.69	0.74	0.75	0.78	0.60	0.56	0.74	0.67	0.74
2006	0.62	0.67	0.75	0.61	0.59	0.61	0.78	0.59	0.56	0.59	0.69	0.77
2007	0.61	0.67	0.75	0.56	0.59	0.61	0.78	0.60	0.57	0.60	0.68	0.73
2008	0.62	0.68	0.67	0.56	0.58	0.71	0.78	0.61	0.60	0.58	0.56	0.77
2009	0.62	0.71	0.77	0.57	0.56	0.60	0.78	0.63	0.61	0.56	0.58	0.71
2010	0.62	0.72	0.78	0.56	0.57	0.56	0.78	0.64	0.59	0.58	0.57	0.68
2011	0.58	0.71	0.77	0.59	0.57	0.58	0.78	0.63	0.63	0.56	0.61	0.72
2012	0.57	0.71	0.76	0.63	0.59	0.60	0.78	0.64	0.64	0.58	0.66	0.75
2013	0.58	0.73	0.76	0.65	0.61	0.61	0.78	0.66	0.67	0.60	0.66	0.69
2014	0.65	0.74	0.76	0.70	0.67	0.67	0.78	0.65	0.71	0.65	0.71	0.73
2015	0.68	0.74	0.76	0.72	0.71	0.69	0.78	0.65	0.73	0.68	0.72	0.75
2016	0.70	0.75	0.76	0.74	0.73	0.70	0.78	0.63	0.74	0.69	0.73	0.76
2017	0.67	0.75	0.77	0.73	0.72	0.69	0.78	0.65	0.74	0.68	0.73	0.74

资料来源：本书计算所得。

变量,结合各省份统计年鉴中各行业的固定资产投资情况,估算海洋产业中各行业的固定资产投资数据作为行业资本变量,另外结合 2001～2017 年《中国海洋统计公报》对缺失数据使用移动平均法进行补齐。以全国海洋经济发展趋势为标准数列,计算各个产业与海洋经济发展在 2012 年前后灰色关联度的变化(见表 8－1)。

由计算结果表 8－1 可知,不同产业发展变化趋势存在显著差异。滨海旅游业、海洋船舶工业、海洋油气业、海洋电力业、海洋化工业、海洋生物医药业、海洋矿业、海洋盐业相关性在初期逐渐降低,但在 2012 年之后呈现增长趋势;海洋交通运输业、海洋渔业的相关性呈现出持续增加趋势;海洋工程建筑业的相关性 2012 年之前呈现总体增加趋势,之后基本保持不变;海水利用业的相关性基本未发生变化。从变化趋势可以发现,各个海洋产业与整体经济发展间的关系在"规划"政策实施过程中发生了显著变化,结合各个行业在规划中的定位与相关性的变化情况,通过产业数据进行回归分析,可以进一步分析规划推出后各个产业发展受到的影响。

8.2　海洋产业结构的模型设定

由于我国经济保持了长时间的增长,整体经济结构也发生了显著调整,第三产业占比从 2007 年的 42.9% 增长到 2016 年的 51.6%,海洋基础设施不断完善,海洋新兴产业初步显示增长潜力。为了保持海洋经济的长期稳定发展,国务院编制了《全国海洋经济发展"十二五"规划》,作为"十二五"时期我国海洋经济发展的行动纲领。自 2012 年规划发布以来,海洋经济整体水平得到了持续提升,实现年均 8.1% 的增长,高于全国国民经济增长的平均水平。随着规划的逐步推行与实施，海洋经济布局发生了相应的变化，示范区先行先试的典型促进了各个区域海洋产业结构的转型与升级，海洋三次产业间的比例由 2010 年的 5.1∶47.7∶47.2 变化为 2015 年的 5.1∶42.5∶52.4，传统海洋产业在转变中实现升级，海洋油气勘探开发进一步向深远海拓展，海水养殖比重进一步提高，高端船舶和特种船舶完工量有所增加；海洋科技创新与应用取得新成效，南极深冰芯钻探、"蛟龙"号载人潜水器、深海遥控无人潜水器、海水淡化、3000 米水深半潜式钻井平台、海洋潮流能等一批关键技术取得重大突破。经过对全国海洋经济发展"十二五"规划的分析，重点建设与发展的产业如表 8 - 2 所示。

表 8 - 2　全国海洋经济发展"十二五"规划与海洋产业

序号	产业名称	是否"十二五"规划期间重点发展产业	序号	产业名称	是否"十二五"规划期间重点发展产业
1	滨海旅游业	是	7	海洋化工业	否
2	海洋交通运输业	是	8	海洋生物医药业	否
3	海洋渔业	否	9	海洋电力业	是
4	海洋工程建筑业	是	10	海洋矿业	否
5	海洋船舶工业	是	11	海洋盐业	否
6	海洋油气业	是	12	海水利用业	是

资料来源：根据"十二五"规划信息整理。

由于实证分析的需要，可以将 2001 ~ 2017 年数据样本分为实验组（treated group）和控制组（control group）。其中，控制组为海洋渔业、海洋化工业、海洋生物医药业、海洋矿业、海洋盐业 5 个产业，在"十二五"规划中没有作为重点发展的产业；实验组则为"十二五"规划中作为重点发展的产业，产业的发展在 2012 年前后受到"十二五"规划的影响产生变化，包括滨海旅游业、海洋交通运输业、海洋工程建筑业、海洋船舶工业、海洋油气业、海洋电力业、海水利用业。如表8-3所示，直接对比实验组和控制组产业发展水平，可以发现：在制定规划之前以及之后，实验组的产业增加值规模和产业投资的绝对量都要高于控制组。由此可见，海洋规划所选定的产业在原有海洋经济中本身就发挥着更加主要的作用，处于产业发展的相对优势地位；从劳动力增长率来看，实验组的就业人口增长率两个时期都高于控制组，但增长率差距呈现缩小的趋势。

表8-3　各海洋产业变化情况统计

年份	产业增加值			产业投资			劳动力		
	实验组	控制组	两组均值差距	实验组	控制组	两组均值差距	实验组	控制组	两组均值差距
2001	398.09	214.00	184.09	146.27	7.10	139.18	48.30	76.20	-27.90
2002	497.03	243.52	253.51	187.65	12.63	175.02	56.26	88.79	-32.53
2003	495.03	257.86	237.17	212.21	18.33	193.88	59.09	93.26	-34.17
2004	619.89	297.72	322.17	273.31	29.41	243.90	61.93	97.73	-35.80
2005	778.76	347.38	431.38	355.20	39.02	316.18	63.74	100.62	-36.88
2006	941.81	439.54	502.27	424.76	79.04	345.72	67.63	106.66	-39.03
2007	1137.74	502.84	634.90	529.16	92.55	436.60	72.21	113.94	-41.73
2008	1342.19	556.16	786.03	628.59	106.40	522.19	73.69	116.24	-42.55
2009	1389.31	608.68	780.63	749.84	133.06	616.78	74.89	118.16	-43.27
2010	1789.70	731.98	1057.72	1000.93	169.67	831.27	76.71	121.04	-44.33
2011	2097.93	835.94	1261.99	1046.78	196.15	850.63	78.40	123.72	-45.32
2012	2305.23	938.68	1366.55	1253.52	250.00	1003.52	79.51	125.40	-45.89
2013	2470.70	1033.48	1437.22	1502.78	293.99	1208.79	80.54	127.06	-46.52
2014	2838.71	1086.52	1752.19	1654.77	347.47	1307.30	81.44	128.48	-47.04
2015	3022.46	1136.44	1886.02	1744.81	411.10	1333.71	83.12	131.11	-47.99
2016	3220.71	1220.40	2000.31	1697.06	456.17	1240.89	84.42	133.15	-48.73
2017	3646.00	1242.20	2403.80	2220.17	477.72	1742.45	85.72	135.19	-49.47

续表

年份	产业增加值			产业投资			劳动力		
	实验组	控制组	两组均值差距	实验组	控制组	两组均值差距	实验组	控制组	两组均值差距
2007～2012	1677.02	695.71	981.30	868.14	157.97	710.16	75.90	119.75	-43.85
2012～2017	2917.30	1109.62	1807.68	1678.85	372.74	1306.11	82.46	130.06	-47.61

资料来源：根据历年统计年鉴数据整理。

　　基本双重差分计量模型的设立。双重差分模型（DID，倍差法）通常被用来分析在一个政策或事件的冲击，是基于准社会实验数据的量化分析方法。因此，为判断"十二五"海洋规划建设之后对海洋产业经济发展产生的影响，本书构建包含两时期的 DID 模型，第一个时期为海洋规划发布实施之前，第二个时期为海洋规划发布实施之后。模型基本形式为：

$$\ln \frac{N_{it}}{N_{it-1}} = \beta_0 + \beta_1 period_{it} + \beta_2 connect_{it} + \beta_3 period_{it} \times connect_{it} + \alpha_i + \varepsilon_{it} N_{it}$$

　　其中，N_{it} 为 i 产业在第 t 时期的增加值，等式左边表示产业增加值增长率（或产业 GDP 增长率）；$period_{it}$ 为时间虚拟变量，初期（2012 年之前）取值为 0，末期（即 2012 年之后）取值为 1；$connect_{it}$ 为虚拟变量，未重点发展产业取值为 0，重点发展产业取值为 1；α_i 为产业的固定效应，是各产业不随时间变化而变化的差异，考虑到各产业之间可能本身存在差异，引入 α_i 是合理的。根据 DID 模型，系数 β_1 度量了海洋产业的增长率从前期到后期的变化，即时间效应；β_2 度量了与"十二五"规划无关的产业效应；β_3 度量了"十二五"规划对海洋产业经济发展水平的影响，即政策效应，这也是本书实证研究的重点所在。本书在模型的基础上，添加控制变量，以试图控制经济发展的一些基本因素，主要考虑资本投入与劳动力因素的影响。用 X_{ijt} 表示一系列的控制变量，模型方程如下：

$$\ln \frac{N_{it}}{N_{it-1}} = \beta_0 + \beta_1 period_{it} + \beta_2 connect_{it} + \beta_3 period_{it} \times connect_{it} + \gamma X_{it} + \alpha_i + \varepsilon_{it} N_{it}$$

对于控制变量的选取，本书参照了 Steven（2004）对产业增加值增长影响因素的总结。首先控制的因素是基本要素投入（见表 8 - 4），包括资本、就业人数。另外，研究表明，在发展中国家的产业结构变化中是存在显著地向资本密集型转化倾向的（Beckerman，1978）。我国海洋经济发展以资本密集型为导向，存在规模报酬递减规律（纪建悦和王奇，2018），海洋产业的发展由于其覆盖的子产业类型较多，资本密度对产业发展的影响也有显著作用，因此加入资本密度作为控制变量，其由资本与劳动力数量计算得到。

表 8 - 4　产业发展的依赖因素与变量选择

变量	符号含义	单位
时间因素（β_1）	T	虚拟变量，2012 年以后 T = 1
产业因素（β_2）	GD	虚拟变量，重点产业 GD
政策因素（β_3）	TGD	T × GD
资本	FIX	固定资产投资
劳动力	L	从业人员数量
资本密度	FIX/L	固定资产投资/从业人员数量

8.3　政策影响实证结果分析

如表 8 - 5 所示，模型（1）～模型（4）是对 2001～2017 年所有产业样本进行的回归。从时间效应角度来看，在未加入控制变量情况条件下，时间效应为比较显著，数值为正；当加入固定资产控制变量时，时间效应为正，但变得不显著，直到加入两个控制变量时，时间变量才重新变得显著。说明海洋产业的增长同时依赖于资本与劳动力的持续投入，全部产业增加值增长率从 2001～2017 年呈现下降趋势，这与同时期中国总体经济发展趋势一致，2007 年全国海洋 GDP 增长率为 19.2%，到 2016 年则下降至 6.07%。

表 8－5   全样本的回归

解释变量	模型（1）	模型（2）	模型（3）	模型（4）
TGD	1221.15*	-54.15085	38.73043	1435.438**
	(0.067)	(-0.17)	(235.4235)	(2.42)
T	651.8364**	228.7331	148.5194**	138.3745
	(0.039)	(0.99)	(2.1)	(0.89)
GD	586.532***	-27.88911	152.32	796.0315***
	(0.002)	(-0.2)	(1.36)	(4.8)
FIX		1.446832***	1.382472***	
		(7.57)	(7.46)	
L			3.970802***	5.931961***
			(14.54)	(9.99)
FIX/L				9.09551**
				(2.41)
N	204	204	204	204
R2	0.1612	0.7139	0.7805	0.3013

注：括号中为 t 统计量，*、**和***分别表示 10%、5%和 1%的显著性水平。

通过表 8－5 可以发现，在上述模型条件下，政策是显著正效应，同时产业效应也显著为负，说明在控制劳动力与资本投入密集程度的情况下，即在资本密度依赖假设下，政策是显著有效的，也就是说在海洋经济发展过程中，我国海洋产业政策的调整显著影响了各海洋产业的发展。而在其他模型中，从产业效应角度分析：在无控制变量的模型与加入资本要素投入、劳动力要素的模型情况下，产业效应为正。这说明，重点发展的产业在不受规划政策的影响下，产业增加值增长率要普遍高于其他产业，产业政策倾向选择在产业发展水平较高的产业建设。从控制变量对产业增加值增长率影响看，都是正显著，海洋产业中产业发展水平受到劳动力、资本要素投入的正向影响。

9　海洋传统优势产业转型
升级发展政策建议

9.1　技术攻关、人才培养、强化基础多措并举，
科技驱动我国海洋产业转型升级

（1）加强海洋产业科研投入协同，实现多种创新主体间科研投入公平、合理、无歧视。在各主要海洋产业领域建设科技创新协同机制，将跨单位、跨平台专家纳入到同一体系中。在科研投入的过程中，通过集中评议、比例控制等方式，使资金、设施、人才等重要研发投入能够在大中小企业、科研院所、高校间基于研发需要合理投入，避免重复投入，提高资源利用率。强化海洋产业创新链条信息共享，实现各海洋产业技术门类创新的市场应用反馈、国防应用反馈。通过健全海洋产业科技服务市场机制，建设专业化海洋科技服务主体与人才队伍，使海洋科研信息能够在不同主体与领域中高效传播，在更广范围内促使科技合作与研发协同，保障科研领域国家一体化战略

与能力的实现。试点多种形式的创新国际合作，强化技术创新网络关键节点建设，形成新型海洋产业国际创新网络。由过去被动型国际研发网络参与过渡为主动构建研发网络，在创新过程中，通过共同所有、优势互补深化国际合作关系，确保创新网络国际合作能够长期稳定，避免海洋产业国际创新网络在环境等因素的影响下"脱钩"。

（2）搭建立体化海洋产业人才培育体系，优化产业人才供给结构。在各国海洋产业发展的过程中，高技术、高水平人才成为企业赢得国际竞争、持续获得产业链优势的关键推动力。推动海洋产业转型升级，需要建立海洋产业人才需求对接机制，高校、企业双方设立海洋产业联络办公室，建立海洋产业联合办公机制，常态化开展海洋产业培训需求对接，制订人才培训、交流、使用的年度工作计划和长远规划。建立分层次的高校人才培养机制。充分利用好沿海各省份的高校培养体系，针对沿海各省份海洋产业人才需求，围绕构建"高层次研究型人才、高层次应用型人才、初中级应用型人才、在职应用技术型"的培养体系，建立由沿海各省份统一部署、各层次的高校分层牵头实施的多层次人才培养机制。

推进高校海洋产业特色学科建设。基于沿海各省份海洋产业重点领域开展人才专业需求分类，依托沿海各省份高校在各领域的优势学科开展海洋产业特色学科建设。依托海洋产业资源开展联合办学，通过构建双向对接机制、推进双向资源共享、实施双向人才培养。促进海洋产业人才队伍共建共享。加强高层次核心专业和紧密专业人才引进，建立海洋产业领域学科带头人制度，将海洋产业专业学科带头人队伍建设纳入全市全面创新改革人才体系建设的重点内容，在编制、职称、经费等方面给予支持。建立学校、科研院所和企业优秀海洋产业人才相互兼职制度，实现学校、企业和院所的海洋产业人才资源深度共享。

（3）推动产业共性基础技术研发，降低海洋企业向服务型产业转变门槛，提升国际竞争力。海洋产业的转型升级离不开各个企业的发展，海洋油气业、海洋船舶工业、海洋运输业要想在国际市场中崭露头角，需要加强创新能力，提高基础技术研发力度，推进信息技术与制造技术的融合，在生产中注重环保与绿色发展，提升产品质量，提高售后服务水平，形成完整的生产链，从而建立自己的品牌，提升自己的国际竞争力。

另外，各个港口也需要加强绿色化与信息化的发展，加强信息技术在沿海港口中的运用，从而提升生产效率，促进产业结构的转型升级。通过培育基础科研创新生态，延长海洋传统优势产业创新价值链。与国际海洋产业强国相比，我国海洋产业发展长期缺乏基础科研支撑，完善我国海洋产业创新生态需要强化基础科研，实现海洋产业创新体系的基础再造。合理分配基础科研投入在企业、科研院所、高校等不同主体间的比例，将基础科研投入纳入中长期规划中，确保基础科研的长期稳定投入，根据基础科研特征，设计相适应的评价机制，使基础科研能够不偏离其在科研体系中的定位与作用。丰富创新主体，完善海洋国家实验室，探索科技创新无人区。在现有国家重点实验室、国防重点实验室及联合研发中心的基础上，整合优势力量，在国家竞争中需求迫切、对国民经济影响显著的领域建立国家实验室，并逐渐形成国家实验室体系，保障创新链条的完整性与自主可控。

（4）加强海洋产业知识产权管理，促进技术创新转移转化。国际领先的海洋企业往往具有知识产权先发优势，我国海洋产业发展需以战略性新兴产业建设全国首批知识产权试点为契机，有效加大海洋产业知识产权管理，一方面，要出台与海洋产业知识管理密切相关的合作研发、成果转化、资源共享推广应用、文化建设等方面新的政策；另一方面，政府要注重对现有不合时宜的法规条文予以修订，为提高海洋产业知识产权保护提供相应的法律依据。同时，政府还要注重加大海洋产业知识产权转化与保护的执法力度，除了严格涉及保密的国防知识产权或者军工项目，已经解密的国防技术专利从转化到运营均要以实现共享和利益最大化为前提，在知识产权转移转化过程中实现技术人员、设备和其他资源的统一配置，并且不同的创新主体之间要签订严格的合作协议，对于违反合作协议的一方要加大处罚力度，以保证创新主体公平和公正的合作环境。

此外，建议地方政府要进一步加强海洋产业智库的建设工作，不仅要实现对全省海洋产业知识产权的有效整合，而且还要充分发挥海洋产业创新服务平台作用，以实现对海洋产业知识产权共享和扩散的有效管理，从而显著提高海洋产业技术资源配置水平。

9.2 完善市场、调节产能、统一标准、扩大融资、环境保护综合施策，以政策驱动我国海洋产业转型升级

（1）完善市场制度，明确政府的作用。产业升级是企业、组织和政府的互动关系。产业升级的主体是市场中的企业，但是企业的升级需要社会组织和政府提供帮助，即政府正确的产业政策，产业政策应是保证市场有效运转的前提下的产业政策。推行养殖水面、滩涂使用权和经营权的拍卖、转让、租赁等制度，明确规定渔业养殖权和捕捞权为用益物权，为渔业从业者依法生产、维护权益奠定了坚实的法律基础。

海洋盐业方面应加快社会资本和民间资本将会进入海洋盐业市场，推动海洋盐业的整合步伐。海洋交通运输业和海洋船舶工业应贯彻落实中央进一步简政放权要求，取消国际船舶运输经营者之间兼并、收购审核，促进国际航运市场化发展等。海洋油气业应实行公开招标，加强公平竞争等。应对诸

如政治、国际关系对海洋产业发展与转型升级的外生冲击，特别在海洋渔业和海洋油气业中，这样的外生冲击会对产业转型升级产生重要的影响。

在海洋渔业中，如联合国《海洋法公约》明确了各个国家在海洋资源的产权，迫使我国在某些争议海域收缩渔业作业，使原来的一些海洋渔业项目受到影响；又如由于非洲签约项目国政局不稳定造成的远洋捕捞项目损失严重。在海洋油气业，周边国家的领土主权争端影响了海洋油气项目的勘探开发权的获取和项目的正常进行。因此在对海洋渔业和海洋油气业进行转型升级，拓展捕捞和开采项目时，应充分考虑项目所在国政治和国际关系的因素。

（2）透彻学习海洋产业中的国际新政策与新标准。海洋产业中的国际政策与标准频繁推出，给企业的运行带来了一定的压力。对于新政策的深刻学习有利于企业降低运营成本，在国际竞争中占据一定优势。因此相关组织与学会应该在对国际新政策、新标准深度了解的基础上，展开全国范围内的培训工作，有利于企业在面对新标准与新政策时能从容面对，控制自己的运营成本，在新规定出之际，掌握发展机遇。

（3）解决"融资难"问题，开发个性化、差异化的金融产品与服务。特别在海洋船舶工业、运输业的发展中，由于国际形势的影响以及大批中小企业的重组与退出，导致金融机构对相关企业的融资政策收紧或授信时间延长。融资能力是海洋船舶企业能否转型升级的关键因素，金融机构可以在控制风险的同时，根据企业特点推出个性化、差别化的金融产品，扶持优质企业的发展，推进产业结构的转型升级。例如，可以推行船舶融资租赁体系的建立，发行各类债券融资工具。

（4）海洋传统优势产业发展建立在环境保护和可持续发展之上。在海洋渔业资源方面，继续实行全面的伏季休渔和增殖放流制度，严格实行捕捞许可证制度，对渔船数和渔船功率数进行双控，缓解海洋渔业资源压力。在海洋盐业方面，停建和缓建部分不满足环境保护标准的盐场项目，海盐区盐场进行盐田结构改造，完成扬水、疏导、储存三大系统的配套工程。海洋油气业加强安全监管与检查力度，防止和控制溢油和漏油事故发生，减少污染损害。海洋交通运输和海洋船舶工业发展过程中，提高造船环保标准，控制生产过程中不必要的环境污染促进我国船舶工业和海洋交通运输业持续、健康、稳定发展。

参考文献

[1] 张耀光，刘锴，王圣云，刘桓，刘桂春，彭飞，王泽宇，高源，高鹏．我国和美国海洋经济与海洋产业结构特征对比——基于海洋 GDP 我国超过美国的实证分析 ［J］．地理科学，2016（11）：1614－1621．

[2] 王波，韩立民．改革开放以来我国海洋产业结构变动对海洋经济增长的影响——基于沿海 11 省市的面板门槛效应回归分析 ［J］．资源科学，2017，39（6）：1182－1193．

[3] 谢杰，李鹏．中国海洋经济发展时空特征与地理集聚驱动因素 ［J］．经济地理，2017，37（7）：20－26．

[4] 马仁锋，李加林，赵建吉，庄佩君．中国海洋产业的结构与布局研究展望 ［J］．地理研究，2013（32）：902－914．

[5] 姜旭朝，毕毓洵．我国海洋产业结构变迁浅论 ［J］．山东社会科学，2009（4）：78－81．

[6] 金京，戴翔，张二震．全球要素分工背景下的中国产业转型升级 ［J］．中国工业经济，2013（11）：57－69．

[7] 金碚．工业的使命和价值——中国产业转型升级的理论逻辑 ［J］．中国工业经济，2014（9）：51－64．

［8］何璇，张旭亮．浙江省产业转型升级对劳动力需求的影响［J］．经济地理，2015，35（4）：123 – 127.

［9］刘建丽．工业4.0与中国汽车产业转型升级［J］．经济体制改革，2015（6）：95 – 101.

［10］Becker, William H. The second industrial divide: Possibilities for prosperity［J］．American Journal of Sociology, 1984, 73（1）：96.

［11］Bensidoun I , Jean S , Sztulman A . International trade and income distribution: Reconsidering the evidence［J］．Review of World Economics, 2011, 147（4）：593 – 619.

［12］Canzoneri M B , Cumby R E , Diba B . Relative labor productivity and the real exchange rate in the long run: Evidence for a panel of OECD countries［J］．Journal of International Economics, 1999, 47（2）：245 – 266.

［13］Galor O , Stark O . The impact of differences in the levels of technology on international labor migration［J］．Journal of Population Economics, 1991, 4（1）：1 – 12.

［14］Gramm B, Teresa. Factor reallocation costs and tests of the Heckscher – Ohlin trade theory［J］．International Trade Journal, 2004, 18（3）：147 – 176.

［15］Luca, Antonio, Ricci. Economic geography and comparative advantage: Agglomeration versus specialization［J］．European Economic Review, 1999（43）：357 – 377.

［16］Eric W, Bond, Kathleen Trask, Ping Wang. Factor accumulation and trade: Dynamic comparative advantage with endogenous physical and human capital［J］．International Economic Review, 2003, 44（3）：1041 – 1060.

［17］Janet Morrison. International business: Challenges in a changing world［M］．New York: Palgrave Macmillan, 2008：195 – 235.

［18］ Lee C , Park H , Park Y . Keeping abreast of technology – driven business model evolution: A dynamic patent analysis approach ［J］. Technology Analysis & Strategic Management, 2013, 25 （5）: 487 – 505.

［19］ Humphrey J , Schmitz H . How does insertion in global value chains affect upgrading in industrial clusters? ［J］. Regional Studies, 2002, 36 （9）: 1017 – 1027.

［20］ Michael E. Porter. The competitive advantage of nations ［M］. New York: The Free Press, 1990.

［21］ Poon S C . Beyond the global production networks: A case of further upgrading of Taiwan's information technology industry ［J］. International Journal of Technology & Globalisation, 2004, 1 （1）: 130 – 144.

［22］ Gereffi G . More than the market, more than the state: Global commodity chains and industrial upgrading in east Asia ［M］. Ithaca and London: Cornell University Press, 1999.

［23］ 张辉. 全球价值链下地方产业集群转型和升级 ［M］. 北京: 经济科学出版社, 2006.

［24］ 刘仕国, 吴海英, 马涛. 利用全球价值链促进产业升级 ［J］. 国际经济评论, 2015 （1）: 64 – 84.

［25］ Matthyssens P , Vandenbempt K , Weyns S . Transitioning and co – evolving to upgrade value offerings: A competence – based marketing view ［J］. Industrial Marketing Management, 2009, 38 （5）: 504 – 512.

［26］ 金碚. 中国工业的转型升级 ［J］. 中国工业经济, 2011 （7）: 5 – 14.

［27］ 程惠芳, 唐辉亮, 陈超. 开放条件下区域经济转型升级综合能力评价研究——中国 31 个省市转型升级评价指标体系分析 ［J］. 管理世界,

2011（8）：173－174.

［28］金京，戴翔，张二震．全球要素分工背景下的中国产业转型升级［J］．中国工业经济，2013（11）：57－69.

［29］Ohashi H, Terutomo Ozawa. Institutions, industrial upgrading, and economic performance in Japan［J］. Journal of the Japanese & International Economies, 2008, 22（4）：677－684.

［30］吴进红，王丽萍．产业结构升级的动力机制分析［J］．学习与探索，2005（3）：222－224.

［31］隆国强．全球化背景下的产业升级新战略——基于全球生产价值链的分析［J］．国际贸易，2007（7）：27－34.

［32］Drucker J. An evaluation of competitive industrial structure and regional manufacturing employment change［J］. Regional Studies, 2016, 49（9）：1－16.

［33］Krmenec A J, Esparza A X. City systems and industrial market structure［J］. Annals of the Association of American Geographers, 2015, 89（2）：267－289.

［34］胡向婷，张璐．地方保护主义对地区产业结构的影响——理论与实证分析［J］．经济研究，2005（2）：102－112.

［35］李铁立，李诚固．区域产业结构演变的城市化响应及反馈机制［J］．城市问题，2003（5）：50－55.

［36］李培祥，李诚固．区域产业结构演变与城市化时序阶段分析［J］．经济问题，2003（1）：4－6.

［37］Storper M, Christopherson S. Flexible specialization and regional industrial agglomerations：The case of the U. S. motion picture industry［J］. Annals of the Association of American Geographers, 2015, 77（1）：104－117.

［38］王文举，范合君．我国地区产业结构趋同的原因及其对经济影响

的分析 [J]. 当代财经, 2008 (1): 85-89.

[39] 邱风, 张国平, 郑恒. 对长三角地区产业结构问题的再认识 [J]. 中国工业经济, 2005 (4): 77-85.

[40] 张平, 李世祥. 中国区域产业结构调整中的障碍及对策 [J]. 中国软科学, 2007 (7): 7-14.

[41] 李诚固, 黄晓军, 刘艳军. 东北地区产业结构演变与城市化相互作用过程 [J]. 经济地理, 2009, 29 (2): 231-236.

[42] 付加锋, 刘毅, 张雷. 中国东部沿海地区产业结构预测及其结构效益评价 [J]. 经济地理, 2006, 26 (6): 1005-1008.

[43] 刘洋, 金凤君. 东北地区产业结构演变的历史路径与机理 [J]. 经济地理, 2009, 29 (3): 431-436.

[44] 闫海洲. 长三角地区产业结构高级化及影响因素 [J]. 财经科学, 2010 (12): 50.

[45] 王保林. 珠三角地区产业结构改造、升级与区域经济发展——对东莞市产业结构升级的新思考 [J]. 管理世界, 2008 (5): 172-173.

[46] 王云平. 产业集群与区域产业结构调整 [J]. 当代财经, 2007 (2): 81-86.

[47] 陶长琪, 刘振. 土地财政能否促进产业结构趋于合理——来自我国省级面板数据的实证 [J]. 财贸研究, 2017 (2): 54-63.

[48] 彭冲, 李春风, 李玉双. 产业结构变迁对经济波动的动态影响研究 [J]. 产业经济研究, 2013 (3): 91-100.

[49] 李志翠, 朱琳, 张学东. 产业结构升级对中国城市化进程的影响——基于 1978~2010 年数据的检验 [J]. 城市发展研究, 2013, 20 (10): 35-40.

[50] Tomlinson P R, Branston J R. Firms, governance and development in

industrial districts ［J］. Regional Studies, 2017：1 – 13.

［51］盛世豪. 经济全球化背景下传统产业集群核心竞争力分析——兼论温州区域产业结构的"代际锁定"［J］. 中国软科学, 2004 (9)：114 – 120.

［52］何天祥, 朱翔, 王月红. 中部城市群产业结构高度化的比较［J］. 经济地理, 2012, 32 (5)：54 – 58.

［53］李贤珠. 中韩产业结构高度化的比较分析——以两国制造业为例［J］. 世界经济研究, 2010 (10)：81 – 86.

［54］Dijkstra P T, Haan M A, Mulder M. Industry structure and collusion with uniform Yardstick Competition：Theory and experiments ［J］. International Journal of Industrial Organization, 2016, 50 (7)：S141 – S151.

［55］张辉. 我国产业结构高度化下的产业驱动机制 ［J］. 经济学动态, 2015 (12)：12 – 21.

［56］张辉, 任抒杨. 从北京看我国地方产业结构高度化进程的主导产业驱动机制 ［J］. 经济科学, 2010 (6)：115 – 128.

［57］肖功为. 资本高度化和产业结构高度化的耦合与产业现代化［J］. 求索, 2012 (8)：14 – 16.

［58］黄亮雄, 安苑, 刘淑琳. 中国的产业结构调整：基于三个维度的测算 ［J］. 中国工业经济, 2013 (10)：70 – 82.

［59］谢植雄. 关于产业结构高度的一些理论思考 ［J］. 现代经济探讨, 2005 (12)：70 – 73.

［60］王林梅, 邓玲. 我国产业结构优化升级的实证研究——以长江经济带为例 ［J］. 经济问题, 2015 (5)：39 – 43.

［61］吕克义, 杨金森. 海洋经济的迅速发展及其意义 ［J］. 世界经济, 1983 (1)：38 – 42.

[62] 杨金森. 建立合理的海洋经济结构 [J]. 海洋开发, 1984 (1): 30 – 34.

[63] 徐君亮. 海洋国土开发与地理学研究 [J]. 海洋开发, 1987 (1): 1 – 4.

[64] 曹忠祥, 任东明, 王文瑞. 区域海洋经济发展的结构性演进特征分析 [J]. 人文地理, 2005, 20 (6): 29 – 33.

[65] 张静, 韩立民. 试论海洋产业结构的演进规律 [J]. 我国海洋大学学报 (社会科学版), 2006 (6): 1 – 3.

[66] 刘曙光, 姜旭朝. 中国海洋经济研究 30 年: 回顾与展望 [J]. 中国工业经济, 2008 (11): 153 – 160.

[67] 李福柱, 孙明艳, 历梦泉. 山东半岛蓝色经济区海洋产业结构异质性演进及路径研究 [J]. 华东经济管理, 2011, 25 (3): 12 – 14.

[68] 张耀光. 中国海洋产业结构特点与今后发展重点探讨 [J]. 海洋技术, 1995, 14 (4): 5 – 11.

[69] 王海英, 栾维新. 海陆相关分析及其对优化海洋产业结构的启示 [J]. 海洋开发与管理, 2002, 19 (6): 28 – 32.

[70] 张红智, 张静. 论我国的海洋产业结构及其优化 [J]. 海洋科学进展, 2005, 23 (2): 243 – 247.

[71] 孙加韬. 改革开放以来我国海洋低碳经济发展模式探讨 [J]. 现代经济探讨, 2010 (4): 19 – 22.

[72] 姜秉国, 韩立民. 海洋战略性新兴产业的概念内涵与发展趋势分析 [J]. 太平洋学报, 2011 (5): 75 – 82.

[73] 崔旺来, 周达军, 刘洁. 浙江省海洋产业就业效应的实证分析 [J]. 经济地理, 2011, 31 (8): 1258 – 1263.

[74] 韩立民, 于会娟. 山东半岛蓝色经济区建设中的政府作用分

析——基于海洋产业发展视角〔J〕. 山东社会科学, 2012 (4): 63 - 66.

〔75〕孙才志, 王会. 辽宁省海洋产业结构分析及优化升级对策〔J〕. 地域研究与开发, 2007, 26 (4): 7 - 11.

〔76〕刘洪斌. 山东省海洋产业发展目标分解及结构优化〔J〕. 中国人口·资源与环境, 2009, 19 (3): 140 - 145.

〔77〕王泽宇, 卢雪凤, 韩增林. 海洋资源约束与我国海洋经济增长——基于海洋资源"尾效"的计量检验〔J〕. 地理科学, 2017, 37 (10): 1497 - 1506.

〔78〕张耀光, 魏东岚. 我国海洋经济省际空间差异与海洋经济强省建设〔J〕. 地理研究, 2005, 24 (1): 45 - 56.

〔79〕卢文刚, 黄小珍, 刘沛. 广东省参与"21 世纪海上丝绸之路"建设的战略选择〔J〕. 经济纵横, 2015 (2): 49 - 53.

〔80〕邓昭, 郭建科, 王绍博等. 基于比例性偏离份额的海洋产业结构演进的省际比较〔J〕. 地理与地理信息科学, 2018, 34 (1): 78 - 85.

〔81〕Luke Georghiou, Glyn Ford, Michael Gibbons, Glyn Jones. Japanese new technology: Creating future marine industries〔J〕. Marine Policy, 1983 (7): 239 - 253.

〔82〕Hong S Y. A framework for emerging new marine policy: The Korean experience〔J〕. Ocean & Coastal Management, 1994, 25 (2): 77 - 101.

〔83〕Hildreth R G. Place - based ocean management: Emerging U. S. law and practice〔J〕. Ocean & Coastal Management, 2008, 51 (10): 659 - 670.

〔84〕Salomon M. Recent European initiatives in marine protection policy: Towards lasting protection for Europe seas?〔J〕. Environmental Science & Policy, 2009, 12 (3): 359 - 366.

〔85〕丁娟, 葛雪倩. 制度供给、市场培育与海洋战略性新兴产业发展

［J］. 华东经济管理, 2013 (11): 88 - 93.

［86］于会娟, 李大海, 刘堃. 我国海洋战略性新兴产业布局优化研究 ［J］. 经济纵横, 2014 (6): 79 - 82.

［87］尹肖妮, 王国红, 周建林. 区域知识承载力与海洋新兴产业集聚耦合研究 ［J］. 华东经济管理, 2016, 30 (9): 59 - 65.

［88］宁凌, 欧春尧. 我国海洋新兴产业研究热点: 来自 1992—2016 年 CNKI 的经验证据 ［J］. 太平洋学报, 2017, 25 (7): 44 - 53.

［89］Hansen M T, Birkinshaw J. The innovation value chain ［J］. Harvard Business Review, 2007 (6): 1 - 19.

［90］Jurowetzki R, Lema R, Lundvall B. Combining innovation systems and global value chains for development: Towards a research agenda ［J］. European Journal of Development Research, 2018, 30 (3): 364 - 388.

［91］Ganotakis P, Love J H. The innovation value chain in new technology - based firms: Evidence from the U. K. ［J］. Journal of Product Innovation Management, 2012, 29 (5): 839 - 860.

［92］Doran J, Oleary E. External interaction, innovation and productivity: An application of the innovation value chain to Ireland ［J］. Spatial Economic Analysis, 2011, 6 (2): 199 - 222.

［93］Pietrobelli C, Staritz C. Upgrading, interactive learning, and innovation systems in value chain interventions ［J］. European Journal of Development Research, 2018, 30 (3): 557 - 574.

［94］Tai Ming Cheung. Innovation in China's defense technology base: Foreign technology and military capabilities ［J］. Journal of Strategic Studies, 2016 (3): 1 - 34.

［95］王剑, 韩兴勇. 渔业产业政策对产业结构的影响——以舟山渔民

转产转业为例［J］. 我国渔业经济, 2007（3）: 15 - 18.

［96］刘广东, 于涛. 辽宁省渔业产业结构升级的"制度瓶颈"问题研究——基于渔船管理制度的视角［J］. 大连海事大学学报（社会科学版）, 2016, 15（1）: 24 - 28.

［97］Morrissey K , O'Donoghue C . The role of the marine sector in the Irish national economy: An input - output analysis ［J］. Marine Policy, 2013, 37（6）: 230 - 238.

［98］White L J , Fox N R , Seabolt J D . U. S. public policy toward ocean shipping ［J］. International Advances in Economic Research, 1997, 3（1）: 125.

［99］杨林, 苏昕. 产业生态学视角下海洋渔业产业结构优化升级的目标与实施路径研究［J］. 农业经济问题, 2010, 31（10）: 99 - 105.

［100］孙康, 周晓静, 苏子晓, 张华, 改革开放以来我国海洋渔业资源可持续利用的动态评价与空间分异［J］. 地理科学, 2016, 36（8）: 1172 - 1179.

［101］纪建悦, 孔胶胶. 基于 STIRFDT 模型的海洋交通运输业碳排放预测研究［J］. 科技管理研究, 2012, 32（6）: 79 - 81.

［102］Georghiou, Luke, Ford, Glyn, Gibbons, Michael. Japanese new technology creating future marine industries ［J］. Marine Policy, 1993, 7（4）: 239 - 253.

［103］Klein C C , Kyle R . Technological change and the production of ocean shipping services ［J］. Review of Industrial Organization, 1997, 12（5）: 733 - 750.

［104］Doloreux D , Shearmur R . Maritime clusters in diverse regional contexts: The case of Canada ［J］. Marine Policy, 2009, 33（3）: 520 - 527.

［105］姜旭朝, 毕毓洵. 中国海洋产业结构变迁浅论［J］. 山东社会科

学，2009（4）：80 – 83.

［106］张耀光，刘锴，王圣云等．中国和美国海洋经济与海洋产业结构特征对比——基于海洋 GDP 中国超过美国的实证分析［J］．地理科学，2016（11）：13 – 20.

［107］张帅，朱雄关．东南亚油气资源开发现状及我国与东盟油气合作前景［J］．国际石油经济，2017，25（7）：67 – 79.

［108］王勤．东盟区域海洋经济发展与合作的新格局［J］．亚太经济，2016（2）：18 – 23.

［109］张越，陈秀莲．我国与东盟国家海洋产业合作研究［J］．亚太经济，2018（2）：19 – 27.

［110］Simone Caschili, Francesca Romana Medda. A review of the maritime container shipping industry as a complex adaptive system［J］. Interdisciplinary Description of Complex Systems, 2012, 1（10）：1 – 15.

［111］程娜．基于 DEA 方法的我国海洋第二产业效率研究［J］．财经问题研究，2012（6）：28 – 34.

［112］赵林，张宇硕，焦新颖等．基于 SBM 和 Malmquist 生产率指数的中国海洋经济效率评价研究［J］．资源科学，2016，38（3）：87 – 101.

［113］姜宝，周晓敏，李剑．我国海洋科技投入产出效率的区域差异研究——基于超效率 DEA 视窗 – Malmquist 指数［J］．科技管理研究，2015（10）：56 – 60.

［114］张军，吴桂英，张吉鹏．中国省际物质资本存量估算：1952—2000［J］．经济研究，2004（10）：35 – 44.

［115］Bae Y J. Global value chains, industry structure, and technology upgrading of local firms：The personal computer industry in Korea and Taiwan during the 1980s［J］. Asian Journal of Technology Innovation, 2011, 19（2）：249 –

262.

[116] Pietrobelli C, Staritz C. Upgrading, interactive learning, and innovation systems in value chain interventions [J]. European Journal of Development Research, 2018, 30 (3): 557 - 574.

[117] Alderton T, Winchester N. Globalization and de - regulation in the maritime industry [J]. Marine Policy, 2002, 26 (1): 35 - 43.

[118] Kwak S J, Yoo S H, Chang J I. The role of the maritime industry in the Korean national economy: An input - output analysis [J]. Marine Policy, 2005, 29 (4): 371 - 383.

[119] Morrissey K, Cathal Donoghue. The role of the marine sector in the Irish national economy: An input - output analysis [J]. Marine Policy, 2013, 37 (6): 230 - 238.

[120] Kadarusman Y, Nadvi K. Competitiveness and technological upgrading in global value chains: Evidence from the indonesian electronics and garment sectors [J]. European Planning Studies, 2013, 21 (7): 1007 - 1028.

[121] Marchi V D, Giuliani E, Rabellotti R. Do global value chains offer developing countries learning and innovation opportunities? [J]. European Journal of Development Research, 2018, 30 (3): 389 - 407.

[122] Fauceglia D, Lassmann A, Shingal A, et al. Backward participation in global value chains and exchange rate driven adjustments of Swiss exports [J]. Review of World Economics, 2018, 154 (3): 537 - 584.

[123] Beverelli C, Stolzenburg V, Koopman R B, et al. Domestic value chains as stepping stones to global value chain integration [J]. The World Economy, 2019, 42 (5): 1467 - 1494.

[124] 周升起, 张鹏. 中国创意服务国际分工地位及其演进——基于

"相对复杂度"指数的考察 [J]. 国际经贸探索, 2014, 30 (10): 39 - 50.

[125] Antras P, Chor D, Fally T, et al. Measuring the upstreamness of production and trade flows [J]. American Economic Review, 2012, 102 (3): 412 - 416.

[126] Jun I W, Rowley C. Competitive advantage and the transformation of value chains over time: The example of a South Korean diversified business group, 1953 - 2013 [J]. Business History, 2019, 61 (1 - 2): 343 - 370.

[127] 梁军, 周扬. 不同驱动模式下生产者服务业与制造业的互动关系研究 [J]. 现代财经: 天津财经学院学报, 2013 (4): 121 - 129.

[128] Hopenhayn, Hugo. Entry, exit, and firm dynamics in long run equilibrium [J]. Econometrica, 1992, 60: 1127 - 1150.

[129] C D'Aspremont, A Jacquemin. Cooperative R&D in duopoly with spillovers [J]. American Economic Review, 1988, 78 (5): 1133 - 1137.

[130] Doloreux D, Melan Y. On the dynamics of innovation in Quebec coastal maritime industry [J]. Technovation, 2008, 28 (4): 235 - 243.

[131] Broadus J M. Asian pacific marine minerals and industry structure [J]. Marine Resource Economics, 1986, 3 (1): 63 - 88.

[132] Ganotakis P, Love J H. The innovation value chain in new technology - based firms: Evidence from the U. K. [J]. Journal of Product Innovation Management, 2012, 29 (5): 839 - 860.

[133] Pietrobelli C, Staritz C. Upgrading, interactive learning, and innovation systems in value chain interventions [J]. European Journal of Development Research, 2018, 30 (3): 557 - 574.

[134] 徐胜, 李新格. 创新价值链视角下区域海洋科技创新效率比较研究 [J]. 中国海洋大学学报 (社会科学版), 2018, 164 (6): 24 - 31.

［135］李平龙，胡求光．浙江省海洋战略性主导产业的选择及其价值链延伸研究［J］．农业经济问题，2013，34（11）：103－109．

［136］Ishak I S, Alias R A, Abu Hassan R. Assessment of innovation value chain in one of malaysia public research institutes and government agencies［J］. Journal of Theoretical and Applied Information Technology, 2014, 64（3）: 625－635.

［137］Niosi J. Fourth － Generation R&D: From linear models to flexible innovation［J］. Journal of Business Research, 1999, 45（2）: 111－117.

［138］Chen X, Liu Z, Zhu Q. Performance evaluation of China's high － tech innovation process: Analysis based on the innovation value chain［J］. Technovation, 2018, 75（7）: 42－53.

［139］栾维新，宋薇．我国海洋产业吸纳劳动力潜力研究［J］．经济地理，2003（4）：529－533．

［140］黄盛．战略性海洋新兴产业发展的个案研究［J］．经济纵横，2013（6）：85－88．

［141］孙才志，杨羽頔，邹玮．海洋经济调整优化背景下的环渤海海洋产业布局研究［J］．中国软科学，2013（10）：83－95．

［142］刘婧，郭圣乾，金传印．经济增长、经济结构与就业质量耦合研究——基于2005—2014年宏观数据的实证［J］．宏观经济研究，2016（5）：99－105．